CONÓCETE
A TI MISMO

La constitución septenaria
del ser humano

Diseño de portada: Editorial Sirio, S.A.
Diseño y maquetación de interior: Toñi F. Castellón

© de la edición original
2019 Emilio Carrillo y Francesc Prims Terradas

© de la presente edición
EDITORIAL SIRIO, S.A.
C/ Rosa de los Vientos, 64
Pol. Ind. El Viso
29006-Málaga
España

www.editorialsirio.com
sirio@editorialsirio.com

I.S.B.N.: 978-84-17399-84-9
Depósito Legal: MA-685-2019

Impreso en Imagraf Impresores, S. A.
c/ Nabucco, 14 D - Pol. Alameda
29006 - Málaga

Impreso en España

Puedes seguirnos en Facebook, Twitter, YouTube e Instagram.

EMILIO CARRILLO
& FRANCESC PRIMS

CONÓCETE
A TI MISMO

La constitución septenaria
del ser humano

A ti, lector(a).

A Helena P. Blavatsky y a las personas que, junto a ella, a finales del siglo XIX realizaron la formulación pública y la divulgación de la constitución septenaria del ser humano.

Un agradecimiento a Yolanda San Miguel por su contribución a este libro, y a Lola Rumi por abrirnos las puertas de la teosofía.

ÍNDICE

INTRODUCCIÓN

LA APARIENCIA Y LA ESENCIA

Muchos seres humanos tenemos el anhelo genuino de realizarnos espiritualmente, lo cual puede anunciarse como la aspiración a fundirnos con lo divino, o transformarnos en ello. Se trata de una vocación que no es exclusivamente individual, sino que aparece vinculada con el anhelo, tan bellamente formulado en el budismo, de que todos los seres se vean libres del sufrimiento y sean felices. En esta aspiración está implícito el sentimiento de que entre todos constituimos la gran comunidad de la vida, una inmensa fraternidad universal que engloba e integra la Vida Una en todas sus modalidades y manifestaciones.

En esta obra vamos a profundizar en la «transformación en Dios» desde una óptica concreta: el conocimiento de nosotros mismos. Los sabios y sabias de todas las épocas nos han dado un mandato prioritario: «Conócete a ti mismo». Según los sabios de la Grecia clásica, si te conoces a ti mismo «conocerás el universo y a los dioses».

Para conocernos a nosotros mismos no basta con que nos miremos al espejo, o con que indaguemos acerca de nuestros componentes internos en los libros de anatomía. La ciencia actual nos dice que una cosa es la apariencia y otra la esencia. No siempre ha sido así; hubo un tiempo en que la ciencia estaba muy pegada a la apariencia, a lo material, y lo que no tuviera que ver con lo material no era computado en los contextos científicos. Los sesudos investigadores rehuían los temas e incluso a los individuos que no abordaran el sota, caballo y rey de los elementos materiales. Esto ha pasado a la historia. Fueron determinantes aportaciones como la de Albert Einstein en el siglo XX, que abrieron nuevas puertas, nuevos campos; aportaron una nueva comprensión en el ámbito científico, y hoy la ciencia sí sostiene que una cosa es la apariencia y otra la esencia. Esta misma idea la han mantenido muchos filósofos y filósofas a lo largo de la historia de la humanidad, de Lao-Tse a Hipatia, de Platón a Hildegarda de Bingen, de Marco Aurelio a Annie Besant.

Esta distinción también ha estado presente en todas las corrientes espirituales serias, que nos han animado a ir más allá de lo que pueden percibir nuestros sentidos corpóreo-mentales. Porque hay algo más, lo cual no solamente es más profundo, sino que también es más real que aquello que perciben dichos sentidos. De esta manera, en el proceso de conocimiento de nosotros mismos vamos recordando y experimentando que somos mucho más que nuestro cuerpo y las funciones a él asociadas.

CUIDADO CON EL «CRECIMIENTO PERSONAL»

Hay muchos planteamientos de crecimiento personal que están muy orientados a uno mismo, pero en el sentido de que atienden, sirven y nutren los aspectos egoicos de uno mismo.

¿Podemos hablar de crecimiento personal en estos casos? Cabría hablar más bien de *egoísmo personal*. El crecimiento personal, al menos tal como lo concibo, supone dar un salto más allá del yo, más allá del egocentrismo, para empezar a vivir de una determinada manera y empezar a establecer un nuevo tipo de relaciones con la gente y el entorno.

Venimos de una forma de contemplar la vida muy egocéntrica, en que por una parte estoy yo —lo realmente importante— y por otra todo lo demás: la gente, las cosas, el mundo, la divinidad... Para ejemplificar en qué consiste el egocentrismo me gusta recordar un hecho histórico, que fue el juicio que efectuó la Inquisición contra Galileo Galilei. Este científico tuvo la osadía de manifestar, hace algo más de cuatrocientos años, en 1611, que la Tierra no es el centro del universo, y que no es el Sol el que gira en torno a la Tierra, sino que es la Tierra la que se mueve alrededor del Sol. Por declarar algo tan obvio, la Inquisición lo condenó a muerte mediante tortura. Ante semejante perspectiva, Galileo Galilei tomó la decisión de retractarse y decir que se había equivocado. Se comenta que años después, en el lecho de muerte, dijo: «Y sin embargo, se mueve». Hoy en día, que la Tierra se mueve alrededor del Sol se sabe desde el jardín de infancia; nadie en su sano juicio cree que la Tierra sea el centro del universo. Pero sí hay mucha gente que cree que *ella misma* es el centro del universo. La consciencia egocéntrica consiste en creer que uno está en el centro del universo y que todo está a su servicio, para su satisfacción. Este «todo» que está al servicio de uno incluye las cosas, la naturaleza, los seres vivos que forman parte de la naturaleza y las personas, que son tratadas como cosas —son objeto de *cosificación*, como se dice en psicología—.

La consciencia egocéntrica gira mayormente en torno a uno mismo y va muy unida con una tremenda identificación con el yo físico, mental y emocional, de modo que la gente cree que es el personaje que se desenvuelve en este mundo. Sin embargo, ni el yo físico, mental y emocional ni el personaje asociado a él somos nosotros, aunque temporalmente lo parezca, mientras estamos encarnados en ello. Lo que somos en realidad es una entidad transcendente, una dimensión espiritual a la que me gusta llamar el Conductor, que utiliza el yo físico, mental y emocional (al que me gusta llamar el coche) para vivenciar la experiencia humana. Ahora bien, cuando estamos en la consciencia egocéntrica, identificados exclusivamente con nuestros componentes físico, emocional y mental, estamos convencidos de que somos eso. Desarrollamos una personalidad a partir de esta premisa y nos dedicamos a defender nuestra posición en el mundo, ajenos en general a las consecuencias: algún tipo de dolor contribuiremos a fomentar en el mundo a partir de una visión y una actitud egocéntricas, inevitablemente.

No son buenas noticias en un momento histórico en el que afrontamos tantos desafíos. Pero es que, además, no son buenas noticias ni tan siquiera para nosotros mismos, para el yo que tanto nos afanamos en defender. Porque la batalla del yo está perdida de antemano. Por más que le aterre a la consciencia egocéntrica, el destino del cuerpo físico es el cementerio o el crematorio, e incluso los componentes emocionales y mentales que constituyen la base de la personalidad están destinados a disolverse, en un lapso de tiempo, tras el fallecimiento de la entidad física. Siendo así las cosas, nutrir la consciencia egocéntrica es el equivalente a alimentar la frustración y la desesperación. Innumerables problemas psicológicos surgen de la tensión subyacente entre la certeza de la disolución y el autoengaño de que podemos prosperar indefinidamente como individuos. No podemos hacerlo. Lo que sí podemos hacer, para nuestra salud individual y colectiva, es darnos cuenta de lo que somos en realidad: una dimensión espiritual inmortal encarnada en este plano, cuya felicidad y cuyas certidumbres aumentan a medida que ahondamos en esta premisa. Una dimensión espiritual que, además, es Una con el Espíritu del que emana, y es Una con todas las formas de vida, que emanan del mismo Espíritu Uno. Lo cierto es que solo encontrarás el *sentido de tu vida* cuando halles en ti y en todo el *sentido de la Vida*. El proceso de este reconocimiento y lo que de ello se deriva (relajación existencial, sanación psicológica, felicidad incausada, solidaridad con la vida, etc.) es, propiamente y legítimamente, lo que debe entenderse por crecimiento personal y desarrollo espiritual.

AVANZAR DESDE ABAJO HACIA ARRIBA

La distinción entre *crecimiento personal* y *desarrollo espiritual* tiene sentido porque el trabajo propiamente espiritual requiere que contemos con una buena base en cuanto a la personalidad. Una personalidad demasiado egoica o bien no tendrá interés en los asuntos espirituales o bien los idealizará y llevará a su terreno, con lo cual intentará manipularlos para autoengrandecerse. El proceso que nos lleva a autorreconocernos como Uno con el Espíritu no es cualquier cosa ni puede condensarse en un taller de fin de semana. Implica un trabajo constante que debe abordarse desde la base. Esto es muy importante, porque hay muchas personas que querrían saltar al nirvana a partir de unas cuantas sesiones de meditación, cuando ni siquiera han preparado su mente para meditar. Es imprescindible, por lo tanto, empezar con un proceso de crecimiento personal que lime las asperezas egoicas y allane el terreno a un trabajo de mayor calado, propiamente espiritual. En el proceso de recuerdo de lo que somos no podemos empezar la casa por el tejado. Hay que comenzar por poner unos buenos cimientos y, a partir de ahí, ir levantando paredes. El tejado no será sino la culminación de la obra.

En el proceso de establecer una buena base y construir sobre ella, la sensatez indica empezar por los componentes más densos e ir avanzando hacia los más sutiles. Desde esta perspectiva, resulta muy útil conocer la constitución septenaria del ser humano. Esta visión nos aporta el marco que he encontrado más completo y operativo para comprender la totalidad del ser humano y para avanzar «desde abajo hacia arriba». Por tanto, en este libro se expondrán los siete componentes y se detallarán, en el marco de cada uno, trabajos y actitudes que permitirán al lector avanzar por la senda del desarrollo; que le permitirán, en definitiva, avanzar con solidez en el conocimiento de sí mismo.

Acaso se entenderá mejor qué es la evolución espiritual y el desarrollo de todos nuestros componentes para acabar descubriendo lo que siempre hemos sido gracias a una metáfora que expone I. K. Taimni, teósofo del siglo xx, en su libro *Conocimiento de sí mismo*. Taimni fue catedrático de química en la India y acude a metáforas científicas para ayudarnos a entender cuestiones espirituales. Uno de los ejemplos que pone es el de la espectrografía, en que se miden las frecuencias vibratorias de los objetos y se «fotografían». Por ejemplo, se ha tomado la imagen espectrográfica del Sol, la cual nos permite saber que este, además de los rayos que tienen una frecuencia vibratoria que los hace visibles, emite otros que, a causa de su frecuencia vibratoria, no podemos ver a ojo desnudo (como los rayos uva). La imagen que ofrece del Sol la espectrografía es la de un ente que podemos calificar de multicolor y radiante. En cambio, si aplicamos el sistema espectrográfico a un trozo de hierro, la «foto» resultante refleja muchas barritas oscuras; no tiene nada que ver con la del Sol. Sin embargo, si vamos calentando el metal en el horno y vamos sacando «fotografías» espectrográficas del mismo, las rayitas oscuras se van convirtiendo en rayitas de colores, por efecto de la energía producida por el calor. Al principio solo algunas de las rayitas se muestran de colores y la mayoría son oscuras, pero poco a poco cada vez son menos las oscuras y son más las de colores. Cuando sacamos la foto espectrográfica del trozo de hierro cuando está a punto de fundirse, obtenemos una imagen absolutamente semejante a la que habíamos obtenido del Sol. Aunque parecía imposible al principio del experimento, el metal tenía en sí todas las características de nuestra estrella. Tenía subyacentes los mismos componentes; solo hacía falta que fuesen «desarrollados».

Este símil es absolutamente aplicable al ser humano. Todas las corrientes espirituales nos hablan de nuestra divinidad, la cual ya tenemos, pero como una semilla que debe abrirse, lo cual da lugar a un «árbol» que debe crecer y florecer. Pero para ello hay que empezar la casa por los cimientos. Tenemos que comenzar por ir ordenando, equilibrando, armonizando los componentes perecederos, más cercanos a la tierra. Es la manera de hacer que poco a poco, como esas barritas oscuras que se van transformando en barritas de colores, lo que somos desde el punto de vista álmico y espiritual pase de ser una potencialidad, un embrión, a hacerse realidad. Entonces ocurrirá lo que le dijo Cristo Jesús a Nicodemo, el gran rabí judío: acabaremos por nacer de nuevo. Se trata de un nacer místico, de un renacimiento espiritual, de una resurrección en vida. Se trata de nacer de nuevo pero no porque muramos, sino porque estando vivos nos transformamos en otra cosa. San Juan de la Cruz hacía referencia a ello cuando en una carta de 1584 dirigida a Ana de Mercado y Peñalosa escribía: «El más perfecto grado de perfección a que en esta vida se puede llegar, que es la transformación en Dios». Nos podemos transformar en Dios porque es lo que ya somos; si bien al principio nos ocurre como al metal: nos miramos y vemos que somos como barritas oscuras. Pero podemos emprender el proceso de desarrollo pertinente para acabar por realizar nuestra auténtica naturaleza. Por supuesto, en nuestro caso la solución no es aplicarnos más calor, sino perseverar en una práctica. Y esta es la materia de este libro.

CÓMO ESTÁ ESTRUCTURADA ESTA OBRA

El libro que tienes en tus manos está estructurado en tres partes. En la primera, «La dinámica de la existencia», se abordan cuestiones generales relativas a la esencia y la expresión de la Realidad que fundamentan, filosóficamente y empíricamente, la constitución septenaria del ser humano que constituye el fundamento del trabajo que aquí se propone. Sobre la base de este conocimiento estamos en disposición para trabajar, en la segunda parte, con los componentes perecederos de nuestra constitución (los relativos al cuerpo físico y la personalidad) y para sumergirnos en terrenos propiamente espirituales en la tercera parte (en relación con los componentes imperecederos de nuestra constitución).

En general, la exposición de los contenidos corresponde a Emilio Carrillo (soy yo quien hablo siempre que aparecen frases en primera persona), y Francesc Prims ha trabajado mayormente con las prácticas que se proponen. Pero ambos podemos estar presentes, en un momento dado, en cualquiera de estos dos ámbitos.

Primera parte

LA DINÁMICA DE LA EXISTENCIA

Capítulo 1

DE LO INMANIFESTADO A LO MANIFESTADO

Existe una tradición de Sabiduría, una Sabiduría Primordial, que delinea la naturaleza del universo y de todo lo que hay en él, incluida la humanidad, en el marco de una Realidad Única, Una o Última. Esta Sabiduría sin Edad le fue dada al género humano en la noche de los tiempos y lo ha ido acompañando a lo largo de su historia. En todas las culturas y épocas ha habido hombres y mujeres que, mediante el estudio, la meditación y mucha dedicación, han conocido, reconocido y guardado esa Sabiduría y la han compartido con sus congéneres. Son los sabios y sabias de todos los tiempos, los grandes pensadores y los instructores espirituales que impulsaron las distintas religiones.

LO INMANIFESTADO

Esta Sabiduría Primordial muestra que existe la Realidad Única antes referida. Esta realidad es inmanifestada, infinita, eterna y desconocida e incognoscible para el intelecto humano. San Juan de la Cruz la describió poéticamente con estas palabras en su poema *Qué bien sé yo la fuente que mana y corre*: «Su origen no lo sé, pues no le tiene, mas sé que todo origen de ella tiene».

Tal Realidad se encuentra subyacente en todas las cosas. Desde tiempos muy antiguos se la ha asociado con *sunyata*, término sánscrito que se suele traducir como 'seidad', pero también como 'vacío'. Etimológicamente deriva del verbo *svi*, que significa 'expandirse'. *Sunyata* puede definirse como el Silencio original.

Siguiendo los pasos de científicos como Einstein y Higgs y gracias al trabajo experimental llevado a cabo con los aceleradores de partículas, la ciencia sabe hoy que el vacío vibra. Pero corrientes espirituales que vienen de muy atrás, bebiendo de la Sabiduría sin Edad, ya enseñaban que el Vacío o Silencio tiene voz y resuena. Se trata de una pulsación emitida desde el interior del Silencio. Tradiciones espirituales arcaicas identificaron esta voz o pulsación, la vibración pura y primigenia del Vacío, con el sonido Aum u Om. Esta vibración, voz o sonido, procedente de lo Inmanifestado, es el origen de todo lo que hay en el ámbito de lo Manifestado, es decir, en el conjunto del cosmos. Así se expresó en los versos del Mandukya-upanisad en el siglo I o II: «Om es todo lo que ha existido, todo lo que existe y todo lo que existirá. Y todo lo que transciende el pasado, el presente y el futuro, eso también es Om».

Nuestra mente concreta conceptualiza el vacío como «nada» y, por tanto, como carente de cualquier contenido. Sin embargo, la Realidad no se limita en modo alguno a lo que puede conceptualizar la mente concreta. El Silencio o Vacío primordial está en la raíz de todo y también de nuestro Ser, y su voz es un sonido autoexistente que puede ser percibido cuando uno experimenta *sunyata*, esto es, la ausencia de todas las constricciones aplicadas a la realidad.

LO MANIFESTADO

¿Cómo se manifiesta la Creación a partir del OM original? La vibración del Vacío reverbera en este y, al hacerlo, se genera una cadena de ecos. Imagina que, encontrándote en una montaña frente a un valle, emites el sonido OM. Inmediatamente puede escucharse el eco, cada vez más tenue: om, om, om… En este ejemplo, tú eres el autor del OM original, y el eco lo reproduce exactamente. El eco no es la fuente del sonido ni se produciría sin la causa que es el sonido, pero, a su vez, es una réplica exacta de este. En el ámbito de la Realidad, el OM original es la primera expresión de lo Manifestado, a partir de la cual surgen todos los contenidos del cosmos.

La cadena de ecos es lo que se denomina Verbo en el Evangelio de San Juan. Se expresa como una secuencia de «oms», que escribo en minúscula para diferenciarlos del OM original. Y así como cada eco del OM que pronunciaste en la montaña es cada vez más tenue, al encontrarse cada vez más alejado del sonido original, ocurre algo parecido con los sucesivos oms que van dando lugar a la Creación; pero en este caso, el alejamiento respecto del OM-Fuente se manifiesta como una menor velocidad de vibración. Es decir, cada nuevo om tiene una frecuencia vibratoria menos sutil, más densa, que el del om anterior. Surgen así los distintos planos de lo Manifestado; cada uno corresponde a la vibración de un om. En el ámbito científico se habla de la existencia de dimensiones, mientras que en el contexto de la teosofía se establecen siete divisiones. Clasificados de mayor a menor inefabilidad o sutilidad vibratoria, los siete planos que contempla la teosofía son los siguientes: *adi*, *anupadaka* y los planos átmico, búddhico, mental, astral (emocional) y físico.

LA RAZÓN DE TODO

Curiosamente, lo Manifestado no es solo la expresión o emanación de lo Inmanifestado, sino que es también un magno escenario de aprendizaje y autoconocimiento. Para hacer una analogía, si lo Manifestado fuese una simple emanación, sería como un cuadro surgido del pincel y los dedos de un pintor. Pero el «cuadro» de la Manifestación no es algo estático; ocurre que todo lo «pintado» tiene vida y que, además, tiene la oportunidad y el anhelo de conocer a su pintor y, en última instancia, fundirse con él. Es como que el pintor no usa pinturas sino que la pintura es su propio cuerpo, y espera que esas partes de su cuerpo que se han proyectado en el cuadro regresen a él. En el proceso, la pintura vive su propio proceso de autodescubrimiento en el lienzo, por el que acaba por saber que forma parte del pintor. Y en un momento dado la pintura llega a estar lo bastante «inflamada», llega a tener el suficiente ardor espiritual, como para evaporarse y regresar al cuerpo del pintor. Esto va ocurriendo de una forma muy progresiva; con tanta lentitud como los seres humanos van descubriendo su verdadera naturaleza y redescubriendo su origen. De hecho, ocurren muchas cosas y tienen lugar muchos procesos en el lienzo; el cuadro va cambiando todo el rato, y solo la pintura que llega a representar formas humanas llega a estar preparada para dar el gran salto. Toda esta dinámica no es solo impactante para la pintura, sino también para el pintor mismo, que experimenta una renovada plenitud con cada parte desposeída que regresa a él.

Otra analogía que puede hacerse, menos elaborada, es la del padre o la madre que ve cómo su hijo se va a un país lejano a madurar, a tener las experiencias que anhela vivenciar. Durante toda esa etapa, el progenitor puede sentir cierto vacío, hasta que ve regresar al hijo convertido en un hombre realizado. Ese padre o esa madre experimentará un gozo y una plenitud que no habría podido vivir de otro modo; a su vez, el hijo acaba de sentirse completo cuando tiene ocasión de regresar y compartir su éxito y sus vivencias con sus seres más queridos.

El porqué y el cómo de la Manifestación siempre tendrán un componente importante de Misterio, pero haremos bien en recordar un par de mensajes fundamentales e intemporales: que Dios es Amor, y que como es arriba es abajo. Así como el amor impulsa los más diversos actos de creación en el ser humano, a través de los cuales ve incrementado su sentimiento de realización, puede muy bien ser que el Amor de lo Inmanifestado no pueda hacer otra cosa que crear un marco de crecimiento consciencial, para gloria y realización de las partes emanadas, y para mayor gloria y realización de lo Inmanifestado mismo.

Lo que está claro es que lo Manifestado experimenta una sensación de separación o alejamiento respecto de su origen que le ocasiona diversos grados de desasosiego, y anhela reencontrar su Fuente para gozar de una paz perdurable. Sabemos que esto es así por nuestra propia experiencia, y porque el anhelo de resolver la separación ha constituido el incentivo de la evolución consciencial de infinidad de mujeres y hombres a lo largo de la historia, y en el momento actual. Sabemos también que, al final de su periplo, los iniciados e iniciadas exclaman, invariablemente: «¡La separación nunca ha existido!». Es decir, acaban por descubrir que la esencia de lo Manifestado es la misma que la de lo Inmanifestado, y la suya propia. Pero este descubrimiento solo es útil si cada uno lo efectúa por sí mismo; no basta con leer acerca de él, ni es suficiente creer en él.

El proceso de descubrimiento de la Realidad Una, que es un proceso de autodescubrimiento, tiene sus complejidades, pues implica varias dinámicas de evolución. Desde una de las perspectivas, eres un ser humano que aspira a conocer su Fuente, pero esta es solo una parte de la historia. Hay otra perspectiva evolutiva, aquella que posibilitó, a lo largo de un proceso que duró millones de años, que hoy puedas gozar precisamente de un cuerpo humano que te permita plantearte tu objetivo y hacerlo realidad. El abordaje más completo que he encontrado, en el que voy a basar la siguiente exposición, es el que expone H. P. Blavatsky en el primer volumen de *La doctrina secreta*. Blavatsky plantea la existencia de tres líneas evolutivas separadas, cada una de las cuales tiene sus propias leyes, si bien las tres se hallan profundamente entrelazadas. Estas tres líneas son la evolución monádica, la física y la intelectual.

Capítulo 2

ESPÍRITU Y MATERIA: EL TRIPLE ESQUEMA EVOLUTIVO

LA EVOLUCIÓN MONÁDICA

El Espíritu o Mónada es el aspecto más puro y elevado de todo cuanto existe, de cada cosa que es o vive en el cosmos, sea sensible o no. En la analogía del OM que pronunciabas en la montaña, el Espíritu es la vibración del OM que emitiste, la cual está inmanente en toda la cadena de oms. En dicha analogía, tú eras lo Inmanifestado, conocido también como Absoluto. Siguiendo con la analogía, el Espíritu es tu expresión inmediata; contiene tu esencia más pura y subyace en la manifestación progresiva de los sucesivos oms. Entonces, el Espíritu puede ser definido como la esencia divina y Vida Una que radica en todo lo Manifestado. Por medio de él, lo Absoluto se refleja como Consciencia y movimiento eterno en cada átomo del universo. El Espíritu o Mónada es tan inseparable de lo Absoluto como el rayo solar lo es de la luz del sol, y anima y vivifica todo lo Manifestado, en su aparente diversidad.

El pensamiento humano, al operar en la dualidad, concibe como realidades independientes el Espíritu y la materia. Pero ambos son aspectos de lo Absoluto, de la Realidad Una o Parabrahman. Identificado el Espíritu con el OM original, cabe identificar la materia como sus ecos más lejanos. Hay distintos tipos de materia, con distintos grados de sutilidad; la que consideramos la materia física, la que podemos tocar, tiene la misma esencia que el Espíritu pero un grado de vibración mucho menor y, por tanto, presenta un aspecto denso. ¿Te resulta difícil concebirlo? Recuerda que, como nos dice la ciencia, incluso la materia más «sólida» está compuesta por vacío...

El Espíritu o Mónada, en cuanto vibración, ya no es exactamente lo mismo que el Vacío. Es una emanación tan directa del Vacío que es la primera expresión de lo Manifestado; sin embargo, así como el Absoluto «vive» en una Quietud plena e imperturbable, el Espíritu, al ser una emanación, se halla abocado a algo distinto: a efectuar un viaje de autodescubrimiento. (La Quietud en la que mora el Absoluto va acompañada de un Movimiento, con lo cual el Absoluto, además de ser Quietud, es Movimiento en potencia. Si el Espíritu se lanza a emprender su viaje es porque el Movimiento que está en potencia en lo Inmanifestado se plasma ya en lo Manifestado).

El Espíritu es la sustancia del cuerpo del pintor que se encuentra en el pincel, a medio camino entre el pintor y el lienzo; es el hijo que se va de casa para autorrealizarse; o es como el cigoto, acabado de engendrar pero lleno de posibilidades inmanifestadas. El Espíritu es Uno en esencia con el Vacío del que emana pero, a diferencia de dicho Vacío, el Espíritu, por decirlo de algún modo, ya «tiene que hacer algo». Emana homogéneo e indiferenciado del Vacío, y su impulso será el de adquirir consciencia en los planos inferiores, en los que se encuentra la materia diferenciada. Por eso, precisamente, la evolución monádica o plan de desenvolvimiento de la Mónada consiste en descender a los mundos de la materia.

Puesto que cabe identificar al Espíritu con el OM original y a la materia con el eco de ese OM, podemos advertir la naturaleza profundamente espiritual de todo cuanto existe. Antes del om-eco correspondiente al plano material que conocemos hay otros oms-eco más sutiles, que también constituyen expresiones de la materia y configuran distintas dimensiones del universo. El plano físico, que es el más denso, es el objetivo del Espíritu; es el punto de partida de su ejercitación en consciencia.

Seguro que más de una vez te has preguntado por qué querría algo tan sutil y próximo a lo Absoluto como es el Espíritu acudir a una dimensión tan grosera como es la física densa. Te responderé con otra pregunta: ¿por qué acudes a «sufrir» al gimnasio? Porque sabes que ese sudor y esfuerzo va a repercutir en una mejora muy sustancial de tu forma física. En cualquier ámbito, el esfuerzo da lugar a mejoras. Y toda dinámica de esfuerzo tiene que ver con vencer resistencias. El plano físico ofrece una gran resistencia, y los recursos que tenemos que desarrollar para vencerlas constituyen herramientas conscienciales de primer orden. Gracias a ellas, el Espíritu acaba por tener la capacidad de girarse sobre sí mismo y reconocer lo Inmanifestado de lo que emana, y nutrirlo. En términos humanos, «nos fundimos con lo Absoluto» o «nos encontramos con Dios».

El plano físico presenta la ventaja única de que, debido a su lentitud vibratoria, la materia cambia con grandes dificultades. Esto nos permite despertarnos un día tras otro y ver una realidad coherente. El beneficio que ello presenta es inmenso, pues podemos retener lo aprendido un determinado día y partir de ahí al día siguiente para seguir aprendiendo. Sin ir mucho más lejos en el terreno dimensional, el plano de los sueños no presenta estas ventajas. Tiene características glamurosas como permitirnos volar y cambiar la realidad con la mente, pero al ser todo tan inestable y cambiante no arraigamos y no acumulamos experiencia de un modo productivo. Por ejemplo, si solo soñases, no podrías llegar a convertirte en un meditador. Sin embargo, en el plano físico, en que unas determinadas condiciones son reproducibles una y otra vez, puedes adquirir la costumbre de meditar, y tras un largo entrenamiento acabarás por tener la capacidad de ponerte a meditar también en el contexto del sueño.

Un trabajo serio en el plano físico repercute en el mundo de los sueños, pero no ocurre al revés, porque el plano onírico no reúne las características que permiten forjar el carácter. La estabilidad del plano físico no es sinónimo de mayor realidad, solo es sinónimo de mayor densidad vibratoria, pero presenta unas ventajas únicas. Para hacer una analogía, moverse en el mundo de los sueños es como hacer un número de trapecio sin entrenamiento, improvisadamente y sin contar con mecanismos de seguridad. En cambio, moverse en el mundo físico es contar con la estabilidad de unos mecanismos de sujeción que nos permiten no caernos y repetir los mismos movimientos una y otra vez, hasta alcanzar la perfección. Al final, sí, nuestra habilidad se manifestará en el mismísimo mundo de los sueños, y será útil en cualquier plano sutil, pues todo lo que ejercitamos en el plano físico es combustible consciencial en nuestro devenir general.

Entonces, tenemos al Espíritu enormemente «interesado» en aventurarse en el plano físico, aunque tal vez no se trate de un interés por su parte, sino de una mera dinámica evolutiva absolutamente insoslayable.

Ahora bien, dada la colosal diferencia entre las frecuencias vibratorias del Espíritu y la materia, la Mónada, para llegar al plano físico, tiene que utilizar medios o vehículos adecuados de los planos inferiores que lo hagan factible. El uso de esos medios la introduce en un proceso de diferenciación por el que se irá segregando, gradualmente, en mónadas individuales.

La Mónada empieza por descender al plano *anupadaka*, el más sutil en lo Manifestado después de *adi*. En *anupadaka*, lleva a cabo su «preconfiguración» tomando átomos permanentes de los planos inmediatamente inferiores. Culminada esta preconfiguración, la Mónada, aunque no puede descender a planos que estén por debajo de *anupadaka*, sí está ya lista para irradiar una parte de sí misma tanto al plano átmico, primero, como al búddhico, después.

En el plano átmico, la Mónada aún no puede diferenciarse. Para ello, precisa de un instrumento que reúna dos características. Por una parte, debe ser lo suficientemente sutil como para poder contener su naturaleza inefable. Por otra parte, debe permitirle profundizar en su conexión con los mundos materiales. Dicho instrumento es Buddhi o el alma universal, que, por ello, se define como el *vehículo del Espíritu*.

Buddhi debe su singularidad a lo que ocurre en el momento en que la Mónada entra en contacto con la materia. Utilizando una analogía, la existencia y presencia de Buddhi puede ser vislumbrada por la mente humana a través de lo que la ciencia denomina *heterodino* y *efecto heterodinaje*. Los postulados básicos de estos fenómenos son dos. El primero es que siempre que una frecuencia vibratoria alta convive con una frecuencia baja se produce, espontánea y automáticamente, una tercera frecuencia vibratoria. El segundo postulado es que esta tercera frecuencia vibratoria no es fija, sino que su gradación oscila y varía entre la alta y la baja. Aplicado a lo que aquí nos ocupa, la frecuencia alta es la propia del Espíritu; la baja, la propia de la materia; y Buddhi es la tercera gama vibratoria, surgida naturalmente de la convivencia del Espíritu con la materia.

Es muy significativo el hecho de que Buddhi cuente con un amplio margen de oscilación vibratoria, desde la densidad de la materia hasta la sutilidad del Espíritu. Esto permite que en su seno se produzca una diferenciación, que es lo que acaba por dar lugar al nacimiento de almas grupales e individuales, por más que todas, realmente, estén integradas en Buddhi, tal como las ramas y hojas de un árbol pertenecen y forman parte de ese árbol. Utilizando la terminología cristiana, Buddhi es la Consciencia Crística y simboliza el Cristo naciente y presente en el ser humano.

Para que el proceso de diferenciación desemboque en la experiencia de la individualización, se requiere que la esfera mental, *manas* en sánscrito, entre en juego. Una de las características de la esfera mental es la cualidad de la autoconsciencia, y es por ello que *manas*, al unirse a Buddhi, aporta consciencia individual a la Mónada divina e impersonal. Volveremos a encontrarnos con *manas* cuando hablemos de la evolución intelectual.

LA EVOLUCIÓN FÍSICA

La Creación consiste en una expansión que tiene lugar desde dentro hacia fuera, de lo Inmanifestado a lo Manifestado. Esta expansión es ordenada, pues la vibración del Vacío y el Verbo surgido de su reverberación aportan orden. Es así como en lo Manifestado rigen un ritmo, unos ciclos y unas leyes inherentes a su propia naturaleza y esencia. Por eso observamos dinámicas tan maravillosas y perfectas en el cosmos, en el cual incluso el aparente caos cumple su función dentro de un orden mayor.

Conviene mencionar también que existe una colosal jerarquía de seres de luz e inteligencias grandiosas, llamados de distinto modo según las distintas tradiciones espirituales (*dhyanchohans*, *devas*, arcángeles, ángeles...), que actúan de forma consciente para posibilitar el propósito divino de la evolución.

Esta magna inteligencia cósmica fue la que posibilitó una evolución distinta de la monádica. Fue la que dio lugar a los planetas y, después, a formas orgánicas capaces de albergar la vida. Se fueron desarrollando organismos cada vez más complejos, hasta que llegó a existir uno con un cerebro suficientemente sofisticado como para desplegar procesos mentales y adquirir consciencia.

Fue así como apareció el ser humano. Al principio, sin embargo, los seres humanos permanecieron como formas inconscientes debido a que la Mónada, todavía muy indiferenciada, no era aún capaz de tomar consciencia de sí misma; y la evolución física, por su parte, no había desarrollado la cualidad de la autoconsciencia.

De hecho, la inteligencia inherente a los procesos de la evolución física, lo que conocemos como *sabiduría de la naturaleza*, no habría sido capaz, por sí misma, de inducir inteligencia en las formas de vida materiales. Fue necesaria una acción maestra exterior para que aconteciera, finalmente, la unión entre el Espíritu y la materia.

LA EVOLUCIÓN INTELECTUAL

Cuando las formas orgánicas, gracias a la evolución física, están lo bastante desarrolladas como para convertirse en instrumentos de la consciencia, la Mónada, ya en proceso de diferenciación, baja y toma posesión de ellas. Para ser más exactos, las mónadas diferenciadas, cuyo vehículo es Buddhi, se encuentran con el aspecto mental de dichas formas de vida y lo fertilizan. Veamos con mayor detalle cómo acontece este proceso.

La aparición de la autoconsciencia requiere que la evolución física llegue a producir cerebros suficientemente complejos. El proceso evolutivo que conduce hasta aquí requiere que, previamente, se hayan desarrollado los reinos mineral, vegetal y animal. En el reino mineral, el aspecto mental es inexistente, en el reino vegetal está muy incipiente y en el reino animal presenta ya cierto grado de desarrollo. En estos distintos ámbitos, la diferenciación de Buddhi se manifiesta como almas grupales, las cuales no manifiestan aún autoconsciencia.

Es solo cuando llega a la etapa humana que la Mónada se individualiza en múltiples «mónadas humanas» que actúan como entidades diferenciadas. Cuando por fin las formas humanas primitivas están listas, la Mónada, por medio de la diferenciación de Buddhi y gracias al desarrollo mental alcanzado por esos organismos, va más allá de las almas grupales para generar almas individuales, lo que en la constitución del ser humano da lugar a la configuración del cuerpo causal.

El cuerpo causal se constituye cuando la Mónada que está «descendiendo» en su proceso evolutivo entra en contacto con el plano mental que está «ascendiendo» en el contexto de la evolución física. El cuerpo causal queda formado por materia mental de tipo superior. Dicha materia mental «de calidad» configura lo que conocemos como mente abstracta o *manas* superior (para diferenciarla de la mente concreta o nivel inferior de nuestro plano mental).

El cuerpo causal constituye el verdadero instrumento de la consciencia humana, puesto que en él reside el alma individual. Y son las almas humanas individualizadas las que tienen la capacidad de acometer la evolución llamada intelectual, que es fundamental dentro del periplo de autodescubrimiento desarrollado por la Mónada.

El componente de autoconsciencia otorgado por el *manas* superior o mente abstracta permite, en primer lugar, que el ser humano se reconozca como individuo dentro del conjunto de la Creación. En un primer momento, la incidencia de la mente abstracta no va mucho más allá, sino que la mente concreta prevalece y se centra en la satisfacción de las necesidades inmediatas. Ahora bien, con el tiempo, y a partir de la dinámica de las experiencias desarrolladas, la mente abstracta se abre camino y el ser humano empieza a formularse las grandes preguntas existenciales. Estas constituyen el hilo conductor que permite su evolución en consciencia. En un momento dado de dicha evolución, la persona reconoce su origen divino, y más adelante llega a conocer de primera mano la naturaleza de dicha divinidad. Llegado este punto, la evolución que debía tener lugar en el ámbito humano se ha completado.

El esquema es simple, pero su desarrollo es tan complejo que incluye todas las vivencias que tenemos como almas: empezamos centrados en lo material, desarrollamos extraordinariamente el aspecto egoico para sobrevivir y prosperar en entornos hostiles, tenemos éxitos y fracasos, cometemos lo que denominamos *errores*, nos autoinculpamos y culpabilizamos a los demás, lamentamos y nos arrepentimos, sufrimos en diversos ámbitos, experimentamos la pérdida, nos sentimos vacíos incluso en medio de los logros materiales más espectaculares, etc. La materia tiene un poder de tracción tan grande que la influencia de la mente abstracta y las cualidades álmicas es ciertamente progresiva. Pero acaba por tener lugar, inevitablemente, dado el carácter esencialmente circular, absurdo e intranscendente de la experiencia material, el cual acaba por quedar al descubierto.

Una sola encarnación no basta para completar el proceso, ni mucho menos. Hace falta un largo ciclo de encarnaciones sucesivas, como iremos viendo.

UN VIAJE DE IDA Y VUELTA

Hemos dejado la evolución monádica en el momento en que entraba en contacto con la evolución física, momento en el que se implica con la evolución intelectual. Por supuesto, la evolución monádica prosigue en el contexto de la evolución intelectual. Se puede hablar de dos fases; una de descenso, en que la Mónada llega a imbricarse con los planos más densos de la materia, y otra de ascenso, en que la Mónada va adquiriendo consciencia de su verdadera identidad. El punto de llegada es el punto de partida, la Divinidad inmanifestada, pero la ganancia consciencial adquirida en el proceso da sentido a todo.

Esta realidad queda muy bien expuesta en la parábola del hijo pródigo. En ella, el hijo pequeño de una familia toma su herencia y se va a países lejanos, donde la dilapida con conductas libertinas. Llega el momento en que toca fondo y lo pasa muy mal; entonces recuerda lo bien que se vivía en casa del padre. Y regresa. Pero lo hace con extrema humildad, dispuesto a ser tratado como un jornalero más. Ahora bien, se encuentra con que el padre lo acoge con mucho amor y alegría, y organiza una gran fiesta para celebrar su regreso. El hijo mayor (asimilable a la parte del Espíritu que no bajó a la materia) se enoja porque no se ha hecho nunca una fiesta semejante en su honor, y la respuesta del padre tiene un calado descomunal: «Hijo, tú siempre estás conmigo, y todo lo mío es tuyo, pero convenía celebrar una fiesta y alegrarse, porque este hermano tuyo estaba muerto, y ha vuelto a la vida; estaba perdido, y ha sido hallado». (Lucas, 15: 31-32)

Cada uno de nosotros somos, sí, ese «hijo muerto» que debe resucitar. La muerte y resurrección de Cristo Jesús tiene el mismo significado: la parte divina cae en un olvido tan grande que es asimilable a la muerte. Pero no puede morir en realidad, porque su naturaleza es eterna. Cuando «resucita» manifiesta un gran esplendor, nace a la verdadera vida y pasa a «sentarse a la derecha del Padre». Es lo mismo que decir que, asimilado a la Divinidad, pasa a tener el poder de crear realidades. Estas son las tremendas ganancias de la realización espiritual.

Capítulo 3

LA CONSTITUCIÓN SEPTENARIA

LOS PLANOS DE LA MANIFESTACIÓN

El ser humano es un microcosmos, un reflejo del macrocosmos. Como tal, es divino en esencia y potencia, y su Ser interno es eterno.

En el capítulo anterior veíamos el viaje «descendente» que emprendía el Espíritu o Mónada con el fin de adquirir autoconsciencia y llegar a reconocer su origen divino. En dicho «descenso», recordemos que pasa por varios planos:

- *Adi* es el plano original, el más inefable, el más próximo a lo Inmanifestado. En él mora la Mónada, homogénea e indiferenciada.
- Desde *adi*, la mónada desciende a *anupadaka*, donde lleva a cabo una «preconfiguración» que acabará por permitirle entrar en contacto con la materia.

- Desde *anupadaka*, la Mónada irradia una parte de sí misma al plano átmico, donde aún permanece indiferenciada.
- A continuación, la Mónada desciende al plano búddhico, donde se diferencia como una diversidad de mónadas. En primera instancia, cada mónada rige sobre un alma grupal. Esto implica que los distintos habitantes de los reinos vegetal y animal no cuentan con almas individuales.

Paralelamente, en el ámbito físico, se ha producido una evolución de lo denso a lo sutil. El asentamiento del plano físico denso tiene su manifestación más contundente en la consolidación del reino mineral.

Siguiendo con la evolución física, aparece la vida biológica, lo cual es posible gracias al desarrollo de una contraparte etérica que es capaz de recoger vitalidad del entorno y comunicarla a los organismos vivos. Como veremos, la contraparte etérica es un «doble» del cuerpo físico denso, pero más sutil.

Con el desarrollo del reino vegetal aparece el plano emocional. Todos sabemos que las plantas nos «sienten» y responden a ello.

Con el desarrollo del reino animal, el plano emocional llega a su máxima expresión, y se configura el plano mental.

Con la aparición del ser humano, el aspecto mental llega a un grado de desarrollo tal que le permite ser «tocado» por la Mónada, a través de Buddhi. Fruto de este contacto surge el plano mental superior o mente abstracta, que configura el cuerpo causal.

En el ser humano encuentran expresión todos los planos a los que se ha hecho mención, con la excepción de *adi* y *anupadaka*, que son demasiado inefables. En total, son siete planos de manifestación, que dan lugar a la constitución septenaria del ser humano.

UN SECRETO DESVELADO

El conocimiento relativo a la constitución septenaria en relación con los distintos planos de manifestación lo han atesorado varias corrientes espirituales a lo largo de la historia de la humanidad. Su origen se remonta a la noche de los tiempos. La constitución septenaria y el conocimiento de uno mismo basado en ella estaban presentes en las escuelas de misterios que proliferaron en un momento determinado en varios lugares, como el antiguo Egipto o la antigua Grecia. Estuvieron también presentes en las enseñanzas de la Escuela de las Cien Flores de la antiquísima China.

Ahora bien, hasta fechas bastante recientes, este conocimiento se ha conservado dentro del ámbito de la sabiduría que era transmitida a los iniciados de dichas corrientes, por considerarse demasiado potente para ser objeto de difusión general. Se mantuvo en los círculos iniciáticos de los brahmanes hindúes, o como uno de los secretos más bien guardados de los rosacruces, o en las primeras logias de la masonería... Fue en la segunda mitad del siglo XIX cuando este conocimiento empezó a exponerse públicamente, puesto que se estimó que la humanidad había llegado a un punto en su estadio evolutivo en que le resultaba conveniente disponer de esta información. Unas pocas personas recibieron mensajes, por parte de seres de elevada consciencia con los que estaban en contacto (maestros, *mahatmas*), de que había llegado el momento.

Resulta curioso, sin embargo, el hecho de que el detonante de la difusión fue una circunstancia muy concreta, tal como expone Arthur Robson en su libro *Man and his seven principles* [El hombre y sus siete principios]: la necesidad de aclarar qué componentes de un ser humano fallecido pueden manifestarse en el plano físico en las sesiones de espiritismo. ¿Se trata de su alma?

¿O bien esta entra en el plano de luz y lo que se manifiesta son elementos remanentes de la personalidad?

La primera persona en divulgar el conocimiento relativo a la constitución septenaria fue Helena Blavatsky por medio de un trabajo aparecido en la revista *The Theosophist* en agosto de 1882. Ahondó al respecto en *La doctrina secreta*, publicada en 1888; más adelante, en *La clave de la teosofía*, de 1889; y, finalmente, en *Instrucciones esotéricas* (1889-1891). A sus aportaciones hay que sumar las de autores como Eliphas Lévi, en *Las paradojas de la alta ciencia* (1883), o A. P. Sinnett, en *El budismo esotérico* (1883).

Por fin, con todo este bagaje, Annie Besant, en *La sabiduría antigua* (1898) hace la presentación de la constitución septenaria que se ha erigido en el principal referente al respecto:

Sthüla sharira (cuerpo físico denso)
Linga sharira (cuerpo físico más sutil o doble etérico)
Käma rüpa (cuerpo astral o emocional)
Manas (mente) inferior (cuerpo mental)
Manas (mente) superior (cuerpo causal o alma humana)
Buddhi (alma universal)
Atma (Espíritu)

Resulta conveniente concebir estos componentes agrupados en dos grandes bloques: el cuerpo físico denso, el cuerpo físico etérico (doble corpóreo), el cuerpo emocional y el cuerpo mental (mente concreta o *manas* inferior) constituyen el cuaternario perecedero o personalidad. Y el cuerpo causal, el alma universal y Atma constituyen la tríada imperecedera o Individualidad.

Si indagas en Internet vas a encontrar algunos sitios en los que se dice que existen divergencias en la formulación pública de la constitución septenaria del ser humano. Por ejemplo, se dice que la propia H. Blavatsky fue modificando la plasmación de dicha constitución. O se habla de que Annie Besant no respetó los fundamentos dados por Blavatsky a la hora de poner de manifiesto la constitución septenaria. He indagado mucho al respecto, y puedo afirmar que este tipo de afirmaciones no son ciertas. No hay ningún tipo de contradicción, de equívoco, de error. Las aparentes divergencias obedecen a dónde se haya puesto el acento a la hora de proceder a la divulgación de este conocimiento. Por ejemplo, a veces, cuando se habla del cuerpo físico, se presenta como uno, porque se entiende que tiene dos subcomponentes, el denso y el etérico. Annie Besant, para evitar equívocos, prefirió hacer la distinción, y hablar de ambos cuerpos por separado. Pero no hay contradicciones. Lo que se hizo, desde la primera plasmación de Blavatsky en 1882 y la de Besant en 1898, fue ir viendo cómo la gente iba percibiendo el mensaje e intentar plasmarlo de una forma cada vez más clara. Desde 1898 ha llovido mucho; desde entonces, por supuesto, ha habido una gran cantidad de personas que han bebido de esas fuentes y se han conocido a sí mismas, y que han impulsado su proceso de transformación a partir del mapa de la constitución septenaria. También ha habido autores que se han apropiado de estas ideas y las han expuesto como propias, en formatos en los que han añadido componentes inventados por ellos, lo cual ha dado lugar a mucha confusión. En esta maraña predomina el psiquismo y también la voluntad de hacer negocio. El lector debe tener claro, por tanto, que lo que se comparte en este libro sobre la constitución septenaria no es una creación de los autores, si bien se añaden formulaciones didácticas y desarrollos prácticos para facilitar que el lector pueda aplicar este conocimiento a su vida y a su propio crecimiento.

PRESENTACIÓN DE LOS SIETE CUERPOS

Una vez enunciados los siete cuerpos, se procede a presentarlos someramente, en relación con el proceso de evolución consciencial.

Es evidente cuál es el cuerpo físico denso; es el que podemos ver y tocar, y del cual podemos percibir distintas sensaciones (la respiración, los latidos del corazón, etc.).

En la constitución septenaria se nos indica que hay otro cuerpo físico, que no es tan denso sino más sutil, que se conoce como *cuerpo etérico*. La mayoría no lo vemos, pero algunas personas sí tienen esta facultad. Quienes pueden verlo nos dicen que tiene una mayor envergadura que el cuerpo físico (sobresale unos cuantos centímetros de este), y que hay una especie de conexión entre ambos cuerpos, que históricamente se ha llamado *cordón de plata*.

El cuerpo emocional habita en el plano astral y contiene nuestras emociones; unas altruistas, otras muy egoicas. En algunos casos los elementos emocionales están equilibrados, armonizados; en otros casos hay auténticas turbulencias.

Nuestros pensamientos de carácter mundano se alojan en el cuerpo mental, que vive en el plano mental. Sin entrenamiento, estos pensamientos andan desbocados y constituyen la mente parlanchina; santa Teresa de Jesús la llamó «la loca de la casa», y en psicología se la conoce como la *mente concreta*. Es la mente inferior, la que utilizamos para llevar a cabo nuestras actividades cotidianas: levantarnos por la mañana, ir al trabajo, relacionarnos con los demás, hacer actividades rutinarias, etc.

Hasta aquí tenemos el cuaternario inferior. Los cuatro componentes mencionados están vinculados a distintas expresiones de la materia y son perecederos. El ámbito emocional y el mental puede ser que tarden más en disolverse tras la muerte, pero su destino es hacerlo.

Junto con estos componentes hay otros tres, que constituyen la tríada superior. En muchos textos espirituales es denominada el Yo Superior.

Dentro de la tríada superior tenemos, en primer lugar, el cuerpo causal, que integra distintos aspectos: la mente superior o abstracta (que es la que utilizamos para efectuar reflexiones de tipo transcendente), y las relaciones de causa y efecto que vamos generando con nuestras acciones cotidianas y a lo largo de nuestra cadena de vidas (de ahí el nombre de este cuerpo). En el cuerpo causal se aloja el alma humana; es un alma individualizada que integra las experiencias que vamos viviendo cuando encarnamos vida tras vida, evolucionando en autoconsciencia.

Cuando la persona comienza a percibir que tiene un alma, ha dado un salto muy grande en el conocimiento de sí misma. En ese momento emprende su proceso de desidentificación respecto de la personalidad, ya que se da cuenta de que es más que esta. Por ejemplo, yo no soy Emilio, sino un alma encarnada en Emilio. La humanidad sería muy diferente si la mayoría de las personas tuviesen esta consciencia.

Pero el proceso de autoconocimiento no se detiene ahí. De hecho, cuando uno empieza a percibirse como alma, su mayor autoconsciencia hace que las experiencias se vayan acelerando, y llega a percibir que su alma individual no es tan individual en realidad, sino que pertenece a algo mayor, que recibe el nombre de *alma universal*. En lenguaje oriental es conocida como Buddhi, y corresponde al sexto cuerpo de la constitución septenaria.

Esa alma universal, a su vez, es una especie de vehículo, de instrumento, que es utilizado por otro componente que está en el ser humano: Atma, que constituye una proyección directa de una parte del Espíritu desde los planos más inefables. Atma constituye el séptimo «componente» de nuestra constitución septenaria. (En esta ocasión, pongo entre comillas «componente», por la arrogancia que supone otorgar esta denominación a esta parte tan directamente divina).

Con el fin de simplificar, podemos hacer una analogía y afirmar que los componentes de la tríada imperecedera constituyen el Conductor que somos, mientras que los componentes del cuaternario perecedero constituyen el «coche» que utiliza el Conductor para vivir la experiencia humana. De hecho, el Conductor permanece en el transcurso de toda la andadura humana, mientras que el «coche» tiene caducidad y hay que irlo cambiando. Como conductores (en sentido literal), cambiamos de coche cada vez que el que tenemos deja de sernos útil, y como Conductores (en sentido figurado), cambiamos de cuerpo en cada encarnación.

Práctica

COCHE Y CONDUCTOR

La práctica siguiente tiene como objeto que percibas vivencialmente la diferencia entre tus partes perecederas y las que no lo son, entre el coche en el que estás y el Conductor que eres.

Siéntate tranquilamente, en silencio, y haz unas cuantas respiraciones conscientes, para relajarte. Acto seguido, concéntrate en ti mismo, exclusivamente.

Estás calmado y atento... Fíjate en lo que percibes en este estado... Lo normal es que seas consciente, primero, de aspectos relacionados con tu cuerpo físico. Permítete sentir las partes de tu cuerpo que reposan sobre alguna superficie... la respiración... algún punto o alguna zona que destaque por algún motivo (un dolor, un picor, etc.) los latidos del corazón...

Si te permites estar un rato con los latidos del corazón percibirás el bombeo rítmico de la sangre en otras partes también: en los brazos... en las piernas... En asociación con este bombeo, percibe la cualidad energética que anima tu cuerpo... corrientes de energía que te infunden vitalidad procedentes del campo etérico. Antes o después harán acto de presencia los pensamientos, quieras o no. Observa esta actividad que tiene lugar en tu cabeza... Si evitas identificarte con ellos, acudirán y se irán. No luches contra ellos; limítate a ser consciente de su existencia efímera.

Por debajo de tu cabeza, en alguna parte o algunas partes de tu cuerpo, podrás detectar algún tipo de actividad emocional... Puede ser desde muy evidente hasta muy sutil... una gran paz, o un ligero desasosiego, o cierta impaciencia, o amor, o alegría... Las posibilidades son ilimitadas.

Hasta aquí, has llevado la atención a tus componentes físico, etérico, mental y emocional. Pero hay más por observar...

Sigue centrado en ti mismo y hazte esta pregunta: «¿Quién es el que está observando?». Es decir: ¿quién, en ti, es y ha podido ser consciente de los componentes a los que has estado prestando atención?

Para ayudarte en esta indagación, y sin abandonar tu estado de concentración y de calma, reflexiona acerca de lo que haces a lo largo de un día típico: llevas a cabo multitud de actos gracias a que cuentas con un cuerpo animado por la vitalidad, tienes múltiples pensamientos y experimentas una diversidad de emociones... Todo ello se va sucediendo... Llegados a este punto: puesto que se suceden tantas acciones, tantos pensamientos, tantas emociones... ¿qué es lo que da coherencia a todo ello? ¿Qué es lo que te hace tener la sensación de que lo experimenta un mismo sujeto? Permanece con este interrogante... Date cuenta de que se necesita contar con algo permanente para percibir la continuidad de lo impermanente... ¿Qué es este algo?

Este algo eres tú mismo. Es tu vida, tu existencia. Efectivamente: date cuenta de que vives, de que existes, de que eres. No se trata de un concepto filosófico, sino de algo directamente vivencial, que suele pasarte desapercibido entre el trajín del día a día. En el curso de esta práctica, estás yendo más allá del «por supuesto que estoy vivo» para tomar consciencia de ello y reconocerlo como la base de todo lo demás que manifiestas en este mundo. Tú mismo, lo que eres, es lo que permanece en medio de todos los cambios y avatares que experimentas, y, por ello, es el verdadero protagonista de tu vida. Es el auténtico hacedor, y es el que es capaz de observar todo lo interno y externo que acontece. Es el Conductor del que he estado hablando. Y los componentes «tuyos» observados por él (físicos, energéticos vinculados al cuerpo, mentales y emocionales) son el coche.

LAS CAUSAS DEL SUFRIMIENTO HUMANO: LOS *KLESHAS*

Para finalizar el presente capítulo, es conveniente recordar que el discernimiento de la diferencia esencial existente entre lo que llamo Conductor (el Yo Superior o tríada imperecedera) y coche (el cuaternario inferior y perecedero) ha sido considerado desde muy antiguo (por ejemplo, en los *Yoga sutras* de Patanjali)[*] como la llave fundamental para eliminar el sufrimiento humano.

Ciertamente, el sufrimiento está presente en la humanidad en general, y en muchos seres humanos en particular. Ante ello,

---

[*] Los *Yoga sutras* de Patanjali son considerados el texto fundacional del yoga. Datan del siglo II o III antes de Cristo, y consisten en 196 aforismos que ya llevaban tiempo recitándose y enseñándose boca a boca antes de ser puestos por escrito.

hay numerosos ejemplos de altruismo dirigidos a paliar ese sufrimiento, lo cual, sin duda, es digno de elogio. Ahora bien, mientras persistan las causas, seguirá habiendo sufrimiento. Por este motivo, nuestra atención debería centrarse no solo en aminorar el sufrimiento existente sino, sobre todo, en eliminar las causas que lo generan. Por ejemplo, una enfermedad solo se cura definitivamente cuando se halla su causa y cuando se conocen los medios para atajarla. Cuando esto se comprende, podemos diferenciar entre las prácticas dirigidas a las consecuencias del sufrimiento y las que procuran abordar su causa y mostrar que existe una felicidad que no está sometida al cambio y cuya fuente se halla dentro de cada cual.

Enmarcada así la cuestión, se entiende que el yoga quiera poner de manifiesto lo que está en la raíz del sufrimiento, sus causas últimas. En los *Yoga sutras* de Patanjali se les denomina *kleshas* y hay cinco principales: *adviya*, *asmita*, *raga*, *dvesha* y *abinivesha*, términos sánscritos que significan 'ignorancia', 'egoísmo', 'atracción', 'repulsión' y 'apego a la existencia física'.

Adviya es la ignorancia, pero en el sentido de olvido de nuestra auténtica naturaleza. Ciertamente, el ser humano tiene un yo físico, emocional y mental y una personalidad asociada a este. Sin embargo, como se ha venido insistiendo, esto solo es el coche en el que, para vivenciar la experiencia humana, se ha encarnado efímeramente el Conductor, que es de naturaleza divina. *Adviya* hace referencia al olvido del Conductor que realmente somos.

Como ya se ha apuntado y describe estupendamente Danielle Audoin en *Una aproximación al yoga*, para realizar el gran viaje en los planos de la manifestación, la Mónada divina debe envolverse con cuerpos cada vez más densos; la Consciencia debe encerrarse en la materia y aceptar las limitaciones correspondientes. A medida que se produce el descenso (involución), se va durmiendo progresivamente. Y en el punto de inflexión, antes de empezar a remontar (evolución), hay una completa amnesia sobre el origen divino. Esto es *adviya*. Este olvido es indispensable para que pueda tener lugar todo el proceso de la manifestación: el surgimiento del sentido del yo, la percepción de la separación respecto de la Vida Una, el arranque de la evolución del alma en autoconsciencia, etc.

Es así como nace *asmita*, el egoísmo en cuanto la identificación del ser humano con la apariencia de sí mismo, con el coche, que en su ignorancia es lo único que reconoce. Esto es *asmita*: la identificación/fascinación, de carácter ilusorio, con el yo físico, emocional y mental y la personalidad a él ligada. *Adviya*, la ignorancia por parte del ser humano de su esencia imperecedera, provoca *asmita*, la identificación con su apariencia o envoltura perecedera. Y esto viene acompañado de un sentido de separación: yo y el otro, yo y los demás, sujeto y objeto... De ahí nacen las atracciones y repulsiones que inundan la vida humana.

Nos atraen los seres y cosas que proporcionan placer a nuestra personalidad, e intentamos evitar lo que nos provoca desagrado. El placer, que se busca y no se puede lograr, y el desagrado, que no se consigue evitar, son el origen de la mayor parte del sufrimiento humano. Son *raga* y *dvesha*. Derivan directamente del sentido del yo, porque la atracción y la repulsión solo pueden concebirse entre elementos separados; y allí donde existe el yo, existe inevitablemente el no yo. Cuanto más fuerte es el sentido de separación, más lo es la atracción y la repulsión que se sienten. Y mayor es también el apego a la existencia física, *abinivesha*.

El ser humano se apega a la vida material por tres grandes motivos: debido a *adviya*, cree que la vida termina con la muerte física, a la que tiene miedo; a causa de *asmita* y *raga*, desea satisfacer las atracciones que siente; y por efecto de *asmita* y *dvesha*, experimenta determinadas repulsiones y ve alimentada su desconfianza hacia la vida. Este tercer motivo también constituye un lazo muy fuerte hacia la vida material; considérese, por ejemplo, hasta qué punto dos personas que se odian dependen la una de la otra. Por lo tanto, tanto la atracción como la repulsión conllevan el apego a la existencia física. Este es tan inherente a la penetración de la Consciencia en la materia que lo podemos observar en todas las personas, incluso en aquellas que han evolucionado en consciencia.

Los cinco *kleshas* se suceden en una especie de reacción en cadena: *adviya*, la ignorancia de nuestra verdadera naturaleza, provoca el sentido del yo, *asmita*, el cual es el origen de la atracción y de la repulsión, *raga* y *dvesha*, que, a su vez, conllevan el apego a la vida material, *abinivesha*. Pero también puede expresarse a la inversa: el apego a la existencia física suscita las atracciones y repulsiones, que alimentan la identificación con el coche, lo que a su vez nos impide tomar consciencia de nuestra verdadera naturaleza o Conductor. De este modo, nos encontramos atrapados en un círculo vicioso, en una cadena ininterrumpida de causas y efectos que nos hace recaer incesantemente, encarnación tras encarnación, en la esclavitud de las ilusiones. Y los *kleshas* nos afectan a todos, incluso si nuestra vida es feliz en la actualidad (según la forma en que se entiende la felicidad habitualmente).

Sin embargo, la felicidad es otra cosa. Es *ananda*: Felicidad incausada fruto del estado natural de nuestro ser. Cuando por la práctica del yoga dejamos de identificarnos con el coche y detenemos toda agitación mental, la cual oscurece la presencia del Conductor, nos instalamos en nuestra naturaleza esencial, que es Felicidad (*Yoga sutras*, 1-3). Puesto que somos Felicidad, esta, en cuanto manifestación de nuestra íntima naturaleza, es estable, duradera y se basta a sí misma.

Capítulo 4

LAS TRES FASES EN LA VIDA DEL SER HUMANO

LA VIDA QUE NO ACABA

Cuando hablamos de la vida del ser humano, normalmente nos limitamos a tomar en consideración el período que podemos contemplar entre el nacimiento y el posterior fallecimiento. Esta es una visión muy limitada, pues el Conductor, que al fin y al cabo es el aspecto más relevante, no ha fallecido. Y no solo no ha fallecido, sino que regresará, con una nueva personalidad. Por tanto, cuando hablamos de la vida humana, debemos expandir nuestro campo de visión más allá de la existencia que desarrollamos en este plano. Debemos saber que la vida se despliega también, en gran medida, en el denominado *plano de luz* —otros nombres que recibe son cielo, gloria y *devachán*—. Antes de llegar ahí, sin embargo, el ser humano, una vez que se ha desprendido del cuerpo físico, mora por un tiempo en un plano intermedio en el que se desprenderá del resto de sus componentes perecederos. Esta fase es conocida como *tránsito*. Entonces, debemos dejar de hablar de *muerte*, puesto que no existe; lo que existe es una Vida única que, en el caso del ser humano por lo menos, se desarrolla en tres espacios.

Si te parece que me muevo en un ámbito teórico, toma en consideración lo que experimentan las personas que han tenido una experiencia cercana a la muerte (ECM), entre las que me incluyo. Estas personas toman consciencia de que no han muerto aunque su cuerpo físico lo haya hecho, y esto las lleva a la comprensión inmediata de que la muerte, en realidad, no existe. Las personas que hemos vivido una ECM sabemos que la vida es un contexto mucho más amplio del que atañe a una existencia física en particular. Esta percepción se ve confirmada por los sabios y las sabias de todas las épocas y de todas las tradiciones religiosas y filosóficas, e incluso por personas que han sido eminentes en el ámbito de la ciencia, quienes han reconocido la parte transcendente del ser humano.

Una de las repercusiones inmediatas de asumir la diferencia entre Conductor y coche es que, si permites que cale en ti, te llevará a perderle el miedo a la muerte, requisito imprescindible para vivir la vida en plenitud, saboreándola al máximo. Otra repercusión es que afrontarás la vida desde un espacio de mayor profundidad, lo cual te permitirá aprovecharla para tu autoconocimiento y evolución en consciencia.

LAS TRES ESTANCIAS

Para empezar a incorporar vivencialmente lo que se ha expuesto, disponte a recorrer tres estancias; pueden ser de tu misma casa.

Lo ideal es que puedas acceder a la primera estancia desde la tercera. Por ejemplo, supongamos que tienes un comedor con salida a balcón, y que la cocina tiene salida al mismo balcón. El recorrido podría ser: comedor-cocina-balcón-comedor-...

Suponiendo la distribución mencionada, empieza a caminar lentamente desde el extremo del comedor más alejado de la cocina, hacia la cocina. Camina siempre a la misma velocidad, lo cual simboliza el paso inexorable del tiempo. Estás en la vida física. Mira, huele y toca lo que se encuentre a tu paso, sin detenerte, y con mucho interés, pues sabes que tu vida física finalizará en cuanto cruces el umbral de la cocina. Cuando llegue el inevitable momento de cruzar el umbral, cierra los ojos por un instante, y ábrelos en la cocina. Toma plena consciencia de que sigues vivo y concibe que esa es una estancia intermedia cuyo fin es que puedas llegar al balcón. En la cocina, adapta la velocidad de tu andar a lo que percibas que es tu fluidez o tu resistencia: ¿has asumido sin problemas el paso a esta nueva realidad? ¿Te sientes preparado para acceder al plano de luz o crees que necesitas un tiempo para aceptar tu nueva situación? Camina más deprisa o más despacio según tu grado de aceptación.

Finalmente, cierra los ojos por un momento mientras cruzas el umbral que conduce al balcón. Sales así al aire libre, a la luz. Respira a pleno pulmón y camina relajadamente, saboreando cada instante, muy presente. Cuando llegue el momento de entrar en el comedor, vuelve a cerrar los ojos brevemente y hazte consciente de que acabas de tomar un nuevo cuerpo físico.

Puedes recorrer el circuito varias veces. Lo importante es que sientas que la Vida no se interrumpe en ningún caso, por más que las percepciones puedan ser diferentes en cada espacio.

EL PROCESO DE DISOLUCIÓN DEL «COCHE»

Tras el fallecimiento de las personas, el cuerpo físico denso deja de vivir y es enterrado o incinerado.

El cuerpo físico etérico o doble corpóreo, que, entre otras cosas, se había encargado de dotar de vitalidad al cuerpo físico denso, permanece junto al cadáver o sus cenizas y se disuelve en un plazo de unos pocos días. Los otros dos componentes de la personalidad, la mente inferior o concreta y el ámbito emocional, que alberga todas las emociones de carácter egoico, están llamados a disolverse durante la fase del tránsito. El tiempo que lleve esta disolución está sujeto a una gran variabilidad. Puede requerir desde unas pocas horas hasta días o meses, e incluso puede prolongarse enormemente. El factor determinante es el grado de densidad que presentasen los ámbitos emocional y mental en el momento de la defunción. Esta densidad es mayor cuanto más egoicos y egocéntricos fuesen los deseos, emociones, sentimientos, ideas y pensamientos de la persona; en definitiva, cuanto más apegado estuviese el individuo al mundo material. Cuando este apego es extraordinario, el ser humano puede morar en el tránsito por un tiempo larguísimo, durante el cual anhela disfrutar de los goces a los que no puede acceder directamente por no contar con un cuerpo físico. Es a esta circunstancia a la que hacen referencia el infierno cristiano o el *avici* budista. En cambio, la disolución de los componentes emocional y mental es rápida cuando la persona, muy influida por el *manas* superior y las cualidades álmicas, ha llevado una vida caracterizada por el altruismo, el desprendimiento y la generosidad.

EN EL PLANO DE LUZ

Disueltos los componentes perecederos, concluye la fase del tránsito, y la tríada imperecedera o Yo Superior accede al plano de luz.

El plano de luz está compuesto por una materia de carácter muy sutil, que responde de inmediato a cualquier pensamiento o sentimiento que emita el Conductor. Y el tiempo y el espacio no constituyen factores limitantes. En el plano de luz, la existencia es exclusivamente dichosa y el Conductor puede desarrollar cualquier facultad que haya amado durante su estancia en el plano físico, siempre que tenga que ver con asuntos abstractos y con ideales: la creación artística, la investigación científica, etc. También ve satisfechos anhelos del alma, es decir, puede consumar las aspiraciones frustradas de carácter álmico que había tenido en la tierra.

Ahora bien, el alma humana tiene que haber incorporado «nutrientes conscienciales» para poder tener una presencia consistente en el plano de luz. Para ello, tuvo que cultivar pensamientos, sentimientos y comportamientos de carácter amoroso y bondadoso, en sentido amplio, durante la fase de la encarnación.

Por tanto, no es en absoluto «buena idea» limitarse a llevar una existencia tibia en el plano terrestre a la espera de gozar de las bondades del paraíso. Una vida física en la que se han cultivado poco la mente superior y las cualidades álmicas permite obtener una «cosecha» escasa en el plano de luz, lo cual se traduce en una presencia incolora y poco acentuada. Esa presencia tendrá pocas opciones de manejar el cúmulo de la experiencia adquirida en la tierra para seguir ganando en autoconsciencia en el *devachán*. La consecuencia de ello será falta de firmeza y consistencia espiritual en la próxima encarnación. Esa persona, en definitiva, tendrá poca fuerza interior, y las cualidades álmicas no resplandecerán en ella.

El individuo tibio que, sin embargo, tiene cierta orientación espiritual, es el típico que, en el plano terrestre, lee mucho sobre cuestiones espirituales pero hace poco para materializarlas en su vida. Una posibilidad es que una persona así recale en una secta en la que le van a lavar el cerebro. Si ocurre esto y la persona experimenta algún menoscabo psicológico o material importante, puede acabar resentida e inmersa en el victimismo; pero también puede aprovechar la experiencia para discernir cuáles son sus valores espirituales y afirmarlos por encima de cualquier intento de manipulación subsiguiente. Si hace esto podrá aportar una experiencia de valor cuando llegue al plano de luz, a la cual podrá sacar partido en ese espacio.

No es posible decir por cuánto tiempo va a permanecer un Conductor en el cielo o *devachán*; esto depende de múltiples variables. Además, el tiempo no transcurre de la misma forma en el plano de luz que en el plano físico. Cuando ha integrado bien las experiencias terrestres por medio de los desarrollos que el plano de luz posibilita, el Conductor vuelve a necesitar una estancia en el plano físico con el fin de conseguir la «materia prima» que le permitirá seguir labrando su autoconsciencia.

LA DINÁMICA DE LAS REENCARNACIONES

El Conductor planifica cada encarnación en el *devachán* en función de lo que sienta oportuno experimentar para la continuación de su proceso de evolución consciencial. Este diseño se conoce comúnmente como *plan del alma*. El Conductor elige las características de su cuerpo y determinados rasgos de su personalidad, quiénes serán sus padres, el país en el que va a vivir y el entorno social en el que va a crecer. También decide cuáles son las circunstancias vitales más significativas que va a experimentar. En muchos casos, estas vivencias implican a otros Conductores, y se coordinan por medio de los llamados *pactos de amor entre almas*.

En la planificación también debe tenerse presente la relación de causas y efectos conocida como *karma*. Habrá vivencias que vendrán determinadas por los actos realizados en la anterior encarnación, o en las anteriores encarnaciones, cuyas consecuencias no llegaron a manifestarse en la anterior vida física. Estos efectos quedan en suspenso durante el período de vida en el *devachán*, pero se manifestarán en la próxima encarnación. Cumplen un importante papel evolutivo, pues permiten que el ser humano vaya discerniendo las consecuencias indeseables de las acciones de tipo egoico frente a las consecuencias favorables de las acciones más bondadosas y desinteresadas, en sentido amplio. En el capítulo 12 se aborda con mayor detalle el tema del karma.

Ahora, quiero tratar otro punto. Cada vez que encarnamos, debemos por supuesto tener una infancia y llevar a cabo múltiples aprendizajes en el ámbito de lo concreto. Esta dinámica puede parecer muy lenta e incluso pesada. Sin embargo, el hecho de que tengamos que ir cambiando a menudo el «coche» en el transcurso del devenir humano cumple una función evolutiva muy importante. Contrariamente a lo que podría parecer, esta dinámica acelera enormemente el despertar consciencial.

Imagina que las cosas fuesen de otra manera y que tuviese la oportunidad de vivir diez mil años siendo Emilio. Por supuesto, el cúmulo de las experiencias de tantos años induciría cambios y transformaciones en mí, pero nunca dejaría de ser Emilio. Habría patrones de la personalidad que permanecerían, y esta falta de variedad constituiría un factor limitante. Además, la escasa presencia de la muerte dificultaría enormemente que surgiesen en nosotros cuestionamientos del ámbito de la mente abstracta. La dinámica en la que estamos inmersos los humanos posibilita que el Conductor vaya introduciendo variaciones importantes en cuanto al «coche» y sus circunstancias, entre encarnación y encarnación, en función de sus necesidades evolutivas; por ejemplo, el género o el lugar de nacimiento pueden ser distintos entre una encarnación y la siguiente.

De todos modos, tampoco es casual que en el último siglo la esperanza de vida humana haya aumentado enormemente y siga haciéndolo. Por las necesidades evolutivas globales, conviene que el ser humano viva más tiempo. Debemos tener presente que muchos Conductores se hallan al final o cerca del final de su ciclo de encarnaciones y les va bien disponer de un poco de «tiempo extra» para acabar de alcanzar sus objetivos espirituales. En los últimos tiempos se ha producido un gran despertar consciencial entre la humanidad, el cual marca el principio del final de la cadena de encarnaciones para los individuos que están despertando. Hay que tener en cuenta que se requieren muchas reencarnaciones para que el ser humano llegue a tomar consciencia de su origen divino, y muy pocas, a partir de ahí, para que llegue a completar la evolución en autoconsciencia que es posible desarrollar en el ámbito humano.

INVERSIÓN, MÁS QUE INMERSIÓN

Mientras permanecemos identificados con el coche, nos parece que este es el principio y el fin de todas las cosas. Nos tomamos tremendamente a pecho todo lo que acontece en nuestra vida y experimentamos muchas situaciones como cuestiones de vida o muerte. Esto es así a causa de nuestra enorme identificación con lo concreto.

Pero el hecho de que la realidad concreta sea el no va más para la mente identificada con ella no significa, ni mucho menos, que nuestra dimensión infinita y eterna perciba las cosas de la misma manera.

Recuerda que el Espíritu, que constituye tu verdadero Ser, se quedó principalmente en el inefable plano *anupadaka*, y que desde ahí proyectó solamente una parte de sí mismo al plano átmico. Posteriormente, desde el plano búddhico, se genera el cuerpo causal (el *manas* superior), y la mónada diferenciada, proyectada ya como alma individual (el alma humana), no puede seguir descendiendo. Este no es un «mecanismo de protección» que pueda ser «derribado», sino que hay una incompatibilidad vibratoria que impide no solo que el alma pueda descender más, sino también que pueda ser «asaltada» por energías de carácter denso.

De todos modos, el alma necesita nutrirse de la experiencia que desarrolla el «coche» en la materia. Por ello, proyecta una porción de sí misma en los planos que están por debajo del correspondiente a la mente superior. En el caso de todas las personas, llega un «rayo» del alma cuando aún se encuentran en la etapa fetal, el cual dota al feto y al bebé con la semilla de la razón y la autoconsciencia. A medida que el bebé va creciendo, la estimulación que viene de afuera aviva e impulsa estas facultades latentes y el «rayo» del alma se desarrolla como el «yo personal» —constituido por el cuaternario inferior y la personalidad a él asociada—.

Cuando el alma toma un cuerpo en el plano físico, la operación conlleva el enredo de una parte de la materia propia de su cuerpo causal con materias inferiores y mucho más densas de perfil físico, astral y mental. La «colocación» que efectúa el alma de una parte de sí misma presenta similitudes con lo que en el campo de la economía se conoce como *inversión*. Como en toda inversión, el alma espera recuperar más de lo que invierte..., aunque en cada encarnación existen riesgos y la posibilidad de perder parte de lo invertido.

En las primeras etapas de la «inversión» (en las primeras encarnaciones), el avance en autoconsciencia es muy lento, y por tanto la «rentabilidad» es muy reducida. Esto quiere decir que la parte del alma proyectada se identifica en gran medida con los componentes del coche, con lo cual a duras penas es permeable a las influencias álmicas de tipo superior. En consecuencia, desarrolla muy pocas experiencias de perfil elevado, y aporta muy pocos nutrientes al alma mayor.

Afortunadamente, es mucho más fácil mover la materia sutil —la que constituye el *manas* superior— que la más grosera. Esto hace que una cantidad dada de fuerza invertida en pensamientos, sentimientos y actos de alta gama vibratoria produzca un efecto mucho mayor que exactamente la misma cantidad de fuerza enviada a la materia más densa. Es decir, basta con un porcentaje muy pequeño de pensamientos, emociones y actitudes de carácter generoso y altruista para superar el efecto de tracción de los componentes egoicos y que tenga lugar una elevación consciencial.

Hemos de tener presente también que todo lo Manifestado y la Creación en su conjunto están constantemente impulsando hacia delante y elevando todo el sistema. Esto hace que un ser humano que termine su vida física con un balance álmicamente igualado (de «saldo cero») parta de una posición un poco mejor en la siguiente encarnación. Esto es igualmente válido para la cadena de causas y efectos que constituyen el karma; uno no llega a encontrarse nunca en el punto de que el peso de sus malas obras sea tan grande que no tenga la opción de seguir a flote y enmendar el rumbo. El dicho clásico *Dios aprieta, pero no ahoga* puede aplicarse perfectamente a esta circunstancia.

La «inversión» solo puede perderse si alguien persevera en comportamientos malignos a voluntad, en el ejercicio deliberado de la magia negra, por ejemplo. En estos casos, puede muy bien ser que la porción de alma enredada con la materia no llegue a liberarse en todo el período del tránsito y que la nueva encarnación tenga lugar desde este espacio en vez de producirse desde el plano de luz, que es lo normal y conveniente. A esa alma le espera un larguísimo periplo de deambulación por los ámbitos de la materia. Afortunadamente, no hay manera de que los aspectos egoicos puedan incidir nocivamente en el plano causal, por lo que incluso en estos casos la pérdida de la inversión no equivale a una bancarrota definitiva. A base de mucho tiempo y experiencias, incluso un alma que se encuentre en esta situación puede acabar retomando la senda evolutiva.

EL FINAL DEL CAMINO

En el curso de las sucesivas encarnaciones y estancias en el plano de luz, la parte del alma que ha sido proyectada o «invertida» ha de transcender y superar la identificación con el coche a partir de la cual emprendió el camino de la autoconsciencia y avanzó por dicho camino. Al final se da cuenta, primero intelectualmente y después vivencialmente, de que su identidad no tiene que ver con los componentes del cuaternario inferior y la personalidad a él asociada, sino con la tríada superior, o Yo Superior, y con la Mónada que es su razón de ser.

En primer lugar, se produce la identificación consciente del alma humana con Buddhi, el alma una y universal a la que pertenece y de la que surgió en un proceso de aparente diferenciación o individualización. Y, finalmente, el alma humana se identifica con Atma, pues Buddhi no es sino su vehículo. Es así como la Mónada llega a ser consciente en todos los niveles de la constitución de la persona y se logra el objetivo de la evolución humana.

El sendero que conduce a ello es el de la consciencia y el conocimiento de sí mismo. Como señala el teósofo C. W. Leadbeater en *Los maestros y el sendero*, en todos nosotros está el cuerpo físico completamente desarrollado y por ello se supone que lo dominamos; pero ha de estar bajo el absoluto gobierno del alma. Ya lo está en el caso de los seres humanos más evolucionados, aunque a veces se rebela y desboca. El cuerpo emocional o astral también está desarrollado, pero normalmente no está sujeto a un perfecto dominio, pues incluso muchas personas que cuentan con un recorrido espiritual importante sucumben a las emociones y se dejan esclavizar por ellas. En cuanto al cuerpo mental, está en proceso de evolución en el ser humano; se encuentra aún muy lejos de su acabado desenvolvimiento. Pero puede dominarse hasta el punto de que sirva al objetivo de la completud de la evolución que es posible en el plano humano.

Hay que recorrer un largo camino antes de que estos tres cuerpos —el físico, el astral y el mental— queden totalmente sometidos al gobierno del alma. Cuando esto sucede, la naturaleza inferior se sume en la superior, y los cuerpos perecederos quedan armonizados de tal manera que tienen, todos ellos, el mismo objetivo de perfección.

Es así como el Yo Superior va, poco a poco, dominando los vehículos personales hasta identificarlos consigo. Y entonces comienza la Mónada a dominar todos los componentes del ser humano. Primero, la personalidad se identifica con el alma; a continuación, el alma se identifica con la Mónada. Entonces es cuando el ser humano obtiene el resultado final de su descenso a la materia. Desaparecerán las causas del sufrimiento (*kleshas*) enunciadas en páginas precedentes. Y por primera vez entrará en la vida real, porque todo su estupendo proceso de evolución por los reinos inferiores y después por el humano no es más que la preparación a la verdadera vida del Espíritu, que empieza cuando el ser humano transciende la humana evolución. La persona «iluminada» se vuelve entonces autoconsciente en el Espíritu universal y lo reconoce como su verdadera naturaleza, y se reconoce una con el Todo. La Mónada ha desplegado todo su potencial en Atma-Buddhi-*manas* y la etapa de la evolución humana llega a su fin. Entonces, el ser humano perfecto ya no necesita los diversos cuerpos materiales, pero conserva el poder de revestirse de cualquiera de ellos siempre que los necesite para relacionarse con un plano inferior.

¿Qué sucede con la persona «iluminada»? Por regla general, indica Pablo D. Sender, la Mónada queda en un estado de absorción en el Todo hasta el comienzo de un nuevo ciclo de evolución en un plano más elevado. Llega el momento en que se encuentra ante una última elección: sumergirse en la inefable gloria de ser uno con lo Divino; o renunciar a esta posibilidad y elegir retener una consciencia separada, de modo que pueda permanecer en contacto con los mundos inferiores con el objeto de asistir a la humanidad en su proceso espiritual.

En palabras de Leadbeater, el reino humano es el curso superior de la escuela del mundo; y cuando el ser humano aprende todas las lecciones de dicho curso pasa a la vida real, a la vida del glorificado espíritu, a la vida de Cristo. Muy poco sabemos acerca de esta vida, aunque algunas personas han hablado de ella. Su gloria y esplendor superan toda comparación y transcienden nuestro entendimiento; no obstante, es una realidad viviente que todos hemos de alcanzar algún día, aunque no queramos. Si obramos egoístamente y vamos contra la corriente de la evolución, retardaremos nuestro progreso, pero al fin y al cabo no podremos evitar este destino.

EL CUATERNARIO INFERIOR

INTRODUCCIÓN

Cuando abordamos por separado los distintos cuerpos de la constitución septenaria, con fines didácticos, debemos tener en cuenta que no dejamos de ser uno. Es decir, no es que los seres humanos estemos partidos en varios trozos. Está claro que se produce una interdependencia absoluta entre los siete componentes. Por ejemplo, es bien sabido que los pensamientos y las emociones influyen sobre el cuerpo físico y que, al contrario, el estado del cuerpo físico influye sobre estos; a su vez, los pensamientos y las emociones están estrechamente vinculados, etc. Por eso, el trabajo que se lleve a cabo con cualquiera de los cuerpos es relevante para el conjunto del ser humano y, en lo que aquí nos interesa, para su evolución en consciencia.

Somos uno, pero siendo uno, es enormemente interesante e inteligente que conozcamos los diversos componentes que nos constituyen y que actuemos con sabiduría sobre cada uno de ellos. La transformación desde el conocimiento de uno mismo consiste precisamente en esto, en ir actuando con consciencia sobre cada uno de los siete componentes, para equilibrarlos, para armonizarlos. Esto hará posible, al final del precioso sendero que constituye la experiencia humana a través de una cadena de vidas, que nos transformemos en lo que realmente somos. Entonces emergerá todo lo que tenemos dentro, y podremos plasmarlo en la vida cotidiana. Esta es nuestra vocación y nuestro destino, y la constitución septenaria es un instrumento muy potente para alcanzarlo.

Para que entiendas mejor la conveniencia de abordar nuestros siete cuerpos por separado, voy a servirme del cuerpo físico para hacer una analogía. En este tenemos, entre muchos otros componentes, los pulmones, el corazón, el estómago, el páncreas, el bazo, la vena femoral... Al ser conocedores de esta realidad, actuamos según lo que necesita cada componente. Si tenemos un problema en los pulmones no nos ocupamos del bazo, sino de los pulmones; si tenemos una cardiopatía, no nos ocupamos del estómago; y si el problema lo tenemos en el estómago, no nos ocupamos del páncreas. A la vez, permanecemos bien conscientes de que estos distintos componentes interactúan entre sí: es evidente que el corazón interactúa con los pulmones, los pulmones con el estómago, el estómago con el páncreas, etc. De la misma forma, el análisis espiritual y consciencial de nosotros mismos nos permite identificar los diversos cuerpos que nos constituyen, reconocer la singularidad de cada uno y saber cómo actuar en consciencia sobre cada uno de ellos, por más que estén interactuando todo el rato.

La vinculación o conexión que existe entre los distintos cuerpos o componentes de la constitución septenaria tiene lugar por medio de los denominados *chakras*. *Chakra* es un término sánscrito que significa 'rueda' o 'círculo' y designa, más concretamente, un núcleo energético que tiene el aspecto de una rueda o una flor de loto. El ser humano cuenta con siete chakras principales, más otros centros energéticos menores. Se encuentran claramente distribuidos por los cuerpos sutiles y constituyen los puntos de convergencia de los canales de energía; también posibilitan la comunicación entre unos cuerpos o componentes que, en sí, pertenecen a planos distintos de la realidad. En lo que respecta al cuerpo físico denso, los siete chakras presentan estas ubicaciones: la base de la columna vertebral, a medio camino entre el pubis y el ombligo, a medio camino entre el ombligo y la boca del estómago, el corazón, la garganta, entre las cejas y la coronilla.

A continuación, se va a dedicar un capítulo (o más de uno) a cada uno de los cuerpos en relación con el trabajo de crecimiento personal y desarrollo espiritual, con el fin de que el lector pueda embarcarse en un proceso de autoconocimiento sólido y progresivo.

Todas las personas que han recorrido el sendero espiritual nos dicen que antes de indagar y ahondar en la naturaleza de nuestro Yo Superior hemos de conocer la de nuestro yo físico, emocional y mental, es decir, la naturaleza de lo que *no* somos. Este conocimiento de nuestro cuaternario inferior ha de servirnos para armonizar y purificar los cuerpos que lo componen.

Como avanzaba en las primeras páginas, las casas hay que empezar a construirlas por los cimientos; por tanto, el primer cuerpo con el que deberemos empezar a trabajar es el físico. A partir de ahí, deberemos armonizar y equilibrar el resto de componentes, desde el más denso hasta el más sutil, y tomar el mando consciente de los mismos. De otro modo será imposible, una quimera, que podamos reconocer nuestra divinidad y vivirla. Hay que proceder paso a paso, punto por punto.

Debemos tener en cuenta, además, como suele recordar Josep Tarragó, que estamos rodeados de energías, y que a medida que vamos avanzando espiritualmente las energías neutras que están en nuestro entorno se movilizan e interactúan con nosotros. Cuando ocurra esto, más nos vale tener bien armonizados los componentes del cuaternario inferior, porque de otro modo las turbulencias (los desequilibrios) que vamos a experimentar van a ser tremendos, hasta el punto de que nos van a impedir seguir evolucionando en consciencia. De ahí la importancia que tiene que empecemos por equilibrar los componentes del cuaternario inferior.

Capítulo 5

EL CUERPO FÍSICO

PRESENTACIÓN

El plano físico es el más denso que hay en el cosmos. En el caso del ser humano, se concreta en el cuerpo físico denso, que es el que le permite mantener relaciones con el mundo material, gracias a la acción de los cinco sentidos.

Sabemos mucho sobre el cuerpo físico gracias a las aportaciones de la ciencia al respecto. Sin embargo, el enfoque materialista propio del ámbito científico da lugar a una percepción distorsionada de ciertas cuestiones. Por ejemplo, la ciencia se empeña en considerar que las emociones y los pensamientos son el fruto de la actividad física del cerebro, cuando esto no es así. La actividad emocional y mental tiene lugar en las dimensiones correspondientes a estos aspectos. Desde ahí, los pensamientos y emociones pasan a ser reconocibles en el organismo físico a través de una serie de reacciones químicas. No ahondaré al respecto en estas páginas; si quieres informarte mejor, te recomiendo las obras *Conocimiento de sí mismo* (o *La renovación de sí mismo*), de I. K. Taimni, y *Las siete dimensiones del Ser*, de Pablo D. Sender. En su libro, Sender habla de los órganos del cuerpo humano y hace exposiciones muy interesantes sobre el verdadero papel del corazón, o de las glándulas pituitaria y pineal, o de los chakras.

AL CUERPO HAY QUE CUIDARLO

Lo primero que hay que recordar con relación al cuerpo físico denso es la necesidad de cuidarlo. Figuradamente, constituye el chasis de nuestro coche, y debemos atenderlo con prácticas de vida saludables y sentido de la responsabilidad. Es algo elemental que, por ejemplo, los animales llevan a cabo de manera natural y que el ser humano olvida con frecuencia bajo el influjo de la deshumanización derivada de los sistemas de creencias y el contexto socioeconómico imperantes.

Como bien sabemos, nunca valoramos tanto la salud como cuando estamos enfermos. Muchas veces damos por supuesto el buen funcionamiento del cuerpo, pero dicho buen funcionamiento puede cesar repentinamente, a causa del efecto acumulativo de pequeñas negligencias. Entonces, el coche se para de pronto en mitad de la autopista echando humo.

Para asegurar en la medida de lo posible que nuestro coche (el de verdad) no nos dé sorpresas, lo llevamos regularmente al taller para que pase las revisiones correspondientes. Así, tenemos ciertas garantías de que podemos subirnos a él y emprender un viaje. Igualmente, necesitamos nuestro cuerpo físico para sostener el viaje de autoconocimiento que este plano posibilita, y ni la ausencia de cuerpo ni un cuerpo demasiado maltrecho ofrecerán las condiciones adecuadas para que podamos llevar a cabo esta labor.

La información relativa al cuidado del cuerpo es muy abundante en nuestros tiempos, por lo que no vale la pena que nos extendamos en obviedades. El ejercicio y una dieta correcta son pilares fundamentales del bienestar, pero también lo son determinados comportamientos. Normalmente, tienen que ver con evitar los abusos. He aquí unas recomendaciones generales, expresadas sucintamente:

Es importante que cuides tu sistema nervioso. Para ello, esencialmente, debes evitar el estrés. Renuncia al ritmo vertiginoso que la sociedad impone y encuentra momentos para ti. Pasea por la naturaleza. Evita las personas tóxicas. No albergues resentimientos. Evita el exceso de trabajo. Duerme lo suficiente. Lleva una vida más sencilla. Atiende a tus seres queridos. Evita el sedentarismo. Haz ejercicio o deporte. Haz yoga o alguna otra práctica de equilibrio del cuerpo y la mente. Medita.

Es importante, asimismo, que cuides tu sistema orgánico. Evita los atracones, beber demasiado alcohol, el consumo de drogas... Y presta atención a la alimentación. Muchas tradiciones nos han hablado de este aspecto tan importante de nuestras vidas; una de las más relevantes es el ayurveda, que nos propone que nos alimentemos de forma sana y equilibrada. Más adelante expondré unas reflexiones relativas a la alimentación.

Para cuidar bien del cuerpo, resulta fundamental no solo seguir ciertas normas básicas, sino también estar atentos a sus señales. Por tanto...

AL CUERPO HAY QUE ESCUCHARLO

Lo segundo a tener en cuenta es que el cuerpo físico denso debe ser escuchado. Tiene cierta autonomía respecto de nosotros (tanto una sabiduría propia como tendencias y hábitos adquiridos) y nos habla. Tenemos que prestar atención a lo que nos dice. Muchas veces no lo hacemos. Por ejemplo, el cuerpo te dice «no comas más», porque siente que ya está lleno, pero la mente te dice «sigue comiendo que está muy bueno». De modo que sigues comiendo, y después sufres una indigestión. O bien estás pasándolo muy bien con los amigos y el cuerpo te dice «no bebas más», pero la mente te dice que continúes, que estás pasándolo en grande, y sigues bebiendo. El resultado es una resaca. Escuchar al cuerpo forma parte del camino espiritual; es una de las cosas que tenemos que hacer para ir equilibrando, armonizando, todos nuestros componentes.

NO SIEMPRE HAY QUE HACER CASO AL CUERPO

Que convenga escuchar al cuerpo no quiere decir que haya que hacerle caso en todas las ocasiones. Ocurre lo mismo cuando decidimos escuchar a alguien; una cosa es escuchar a esa persona y otra hacerle caso. Haremos o no caso a la persona según lo que consideremos oportuno. Con el cuerpo, conviene proceder igual.

El cuerpo físico nos manda mensajes que son acordes con nuestra voluntad y otros que no lo son. Desde luego, si el cuerpo nos dice que no comamos más o no bebamos más porque nos va a sentar mal, debemos hacerle caso. Pero en otros casos el cuerpo puede indicar lo opuesto, incluso en detrimento de su propia salud. Esto ocurre sobre todo cuando lo hemos acostumbrado mal; por ejemplo, si has habituado al cuerpo a comer dulces, puede ser que él insista en que sigas comiéndolos, mientras que tú sabes que no te conviene abusar. En estos casos, el cuerpo manifiesta una autonomía que choca con nuestra voluntad. Y esto no lo podemos consentir.

Imagina que una persona va al médico y este le dice que le conviene caminar entre tres cuartos de hora y una hora, a paso tranquilo, a partir de lo que refleja su analítica. A la persona de entrada le parece muy bien, porque el médico no le ha recetado fármacos. E inevitablemente llega la hora en que la persona tiene que salir a pasear. Entonces el cuerpo, acostumbrado a llevar una vida sedentaria, dice: «¡Con lo bien que se está en el sofá!». Y la persona nota que le cuesta ponerse en marcha. Su voluntad es hacerlo, porque sabe que esa actividad será beneficiosa para su salud, pero el cuerpo se ha acostumbrado a otra cosa y ofrece resistencia.

Está también el caso típico de los individuos que quieren dejar de fumar y les cuesta horrores abandonar el hábito, porque el cuerpo ha desarrollado adicción al tabaco. Es otro caso de conflicto entre la voluntad y lo que pide el cuerpo.

En definitiva, debes hacer caso al cuerpo si sientes que lo que te indica es lo conveniente. Pero si te das cuenta de que lo que el cuerpo quiere va en detrimento de tu salud, tienes que imponerte. Tu voluntad es la que tiene que salir vencedora.

El fortalecimiento de la voluntad es muy importante en el camino espiritual, y hacerla prevalecer sobre el cuerpo físico es el primer paso en este sentido.

LA NECESIDAD DE UNA MODERADA AUTODISCIPLINA

Para asegurar el triunfo de la voluntad sobre el cuerpo físico, debemos someter a este a una cierta disciplina. Una disciplina moderada aplicada al cuerpo físico es una práctica espiritual elemental, porque ¿cómo vamos a ser capaces de gestionar los próximos componentes de los que vamos a hablar, y no digamos ya de vivir según la divinidad que somos, si ni siquiera somos capaces de poner al cuerpo físico bajo nuestro mando?

Cuando hablo de una moderada disciplina no me estoy refiriendo a que debamos autoflagelarnos, como se hacía siglos atrás en un contexto religioso muy dogmático. Al cuerpo no hay que castigarlo, sino respetarlo, en cuanto es el vehículo que nos permite tener experiencias en el plano humano. De lo que estoy hablando es de que nos conviene poner el cuerpo al propio servicio. Tu cuerpo tiene que saber que eres tú quien manda.

En todas las tradiciones religiosas y espirituales está presente esta autodisciplina. En ocasiones la práctica sigue vigente, pero su sentido se ha olvidado. Por ejemplo, ¿por qué indica determinados ayunos la Iglesia católica? Porque el ayuno es una forma moderada de disciplinar el cuerpo físico. El mismo sentido tiene, en el ámbito musulmán, el ramadán, en el que, durante un mes al año, el cuerpo no recibe alimento ni bebida desde que el Sol sale hasta que se pone.

¿En qué debe consistir una moderada autodisciplina? Esto queda a criterio de cada uno, pues cada cual conoce su propio cuerpo. En mi caso, sigo la disciplina de levantarme temprano, hacer ejercicio todos los días y comer con moderación.

CONSCIENCIA SOBRE LA ENFERMEDAD Y LAS ADICCIONES

La consciencia acerca del cuerpo físico denso debe conllevar igualmente el reconocimiento de que cuando se pierde la salud y sufrimos una enfermedad, esta puede tener distintas causas. Esquemáticamente enunciado, existen cinco grandes tipos de enfermedades:

- Enfermedades provocadas por desequilibrios, perturbaciones y turbulencias emocionales y/o mentales.

- Enfermedades derivadas de que, simplemente, no hemos cuidado el cuerpo físico (hace frío y no nos abrigamos, etc.).
- Enfermedades terminales, que nos llegan en el momento oportuno para parar el «coche» (el yo físico, emocional y mental) de tal manera que el Conductor (nuestra dimensión álmica y espiritual) pueda desencarnar.
- Enfermedades kármicas, originadas por las relaciones de causa y efecto que vienen de vidas anteriores.
- Enfermedades dhármicas, que nos acompañan ya cuando nacemos o nos llegan a lo largo de nuestra vida como factor de impulso de nuestra evolución en autoconsciencia.

Otro factor de impulso lo constituyen las adiciones en las que caen bastantes seres humanos (al alcohol, las drogas, el juego, el sexo...). Aunque a nuestra mente concreta le cueste trabajo entenderlo, las adicciones constituyen, en lo más profundo, una oportunidad de crecimiento en la medida en que se van superando: contribuyen al ya aludido fortalecimiento de la voluntad, nos hacen más comprensivos y empáticos con los demás, etc.

CONSTRUIR EL CUERPO CON BUENOS MATERIALES

Cuando te miras al espejo puedes tener la impresión de que tu cuerpo físico ya está creado, pero en realidad se está reconstruyendo sin cesar. Los seres humanos adultos estamos compuestos por unos treinta y cinco billones de células (más una cantidad todavía más ingente de microbios, pero esta ya es otra cuestión). Y nuestras células se están regenerando continuamente. Unas viven más y otras menos, pero cada siete años todas han sido reemplazadas. Esto significa que tenemos un cuerpo nuevo cada siete años.

Y ¿cuáles son los materiales (los ladrillos, la argamasa) con los que se va reconstruyendo el cuerpo? Pues los que le suministramos por medio de la alimentación y la bebida.

Ahora bien, no todos los alimentos y bebidas son iguales. Prácticamente todo lo que existe en el universo tiene una frecuencia vibratoria, que puede ser más densa o más sutil, y lo mismo ocurre con lo que nos llevamos a la boca. Esto es bien sabido en el ámbito del ayurveda, por ejemplo, que establece una clasificación de los alimentos en función de su frecuencia vibratoria.

A su vez, lo que ingerimos repercute en la mayor densidad o sutilidad del cuerpo. Desde la noche de los tiempos ha habido corrientes espirituales serias que nos han advertido de esta realidad y su importancia. La frecuencia vibratoria de lo que comemos no se percibe en la báscula, pero tiene muchas otras manifestaciones. Concretamente, tiene un gran papel en el desarrollo de determinadas capacidades. Por ejemplo, no es lo mismo llevar a cabo prácticas de silencio, concentración, atención plena y meditación con el cuerpo físico densificado que hacerlo con el cuerpo físico más sutilizado. Si el cuerpo físico está denso, la persona está más pesada desde el punto de vista vibratorio, y resulta mucho más difícil llevar a cabo estas prácticas.

Dijo Annie Besant en 1899: «Los cambios en la consciencia provocan cambios en la materia». Es lo mismo que nos dice la ciencia cuando afirma que lo observado depende del observador. Y sigue Besant: «los cambios en la materia implican también cambios en la consciencia». Besant aclara a continuación que los cambios que se producen en la consciencia tienen implicaciones muy intensas en la materia; por otra parte, los cambios que efectuemos en el ámbito material no tendrán una repercusión tan intensa sobre la consciencia, si bien dicha repercusión será más o menos relevante según el objetivo que se persiga.

Esto significa que, en cierta medida, tiene efectos sobre la consciencia el hecho de cambiar los componentes con los que construimos el cuerpo físico a través de lo que ingerimos. Estos efectos serán mayores si el objetivo que perseguimos es de tipo espiritual; sin embargo, si el objetivo que perseguimos con el cambio de alimentación es meramente estético, por ejemplo, la mayor sutilidad física tendrá escasos efectos sobre nuestra consciencia –y sobre nuestras capacidades–.

Lo siguiente que cabe preguntarse es cuáles son los alimentos que tienen la virtud de sutilizar el cuerpo y cuáles tienen la característica de densificarlo. En el extremo de la densidad se encuentran las drogas y los estupefacientes –que no son alimentos, de hecho–. El alcohol también densifica el cuerpo, mientras que el agua lo sutiliza. Entre los alimentos propiamente dichos, los de origen animal aportan mayor densidad que los de origen vegetal, y, entre los primeros, la carne es más densa que el pescado.

Todas las corrientes espirituales serias han ponderado el vegetarianismo, y es lógico. Por una parte, porque las dietas de tipo vegetariano contribuyen a la mayor sutilidad del organismo. Pero evitar comer carne para conseguir una mayor sutilidad es, de hecho, una razón egoísta por la que tomar esta decisión. El motivo principal por el que es interesante hacerse vegetariano es la compasión, el anhelo de evitar hacer daño a seres vivos cuyo mundo emocional y cuyo sistema nervioso están plenamente desarrollados. Retomaré la motivación del no daño en el capítulo 8.

Limitándome en este capítulo a los aspectos relativos a la salud del cuerpo físico y su nivel de densidad/sutilidad, debo señalar que la alimentación carnívora dista mucho de ser saludable. En gran parte, ello se debe a los métodos inhumanos de crianza y muerte predominantes. En general, los animales son separados de inmediato de su madre y recluidos en cubículos en los que se les dan productos de laboratorio para que crezcan y engorden. Son sometidos a largas horas de iluminación artificial para forzar su crecimiento y se les suministra una gran cantidad de hormonas... En estos momentos hay más de 100.000 millones de animales en explotaciones que tienen este tipo de comportamientos. Y todos los años se matan más de 50.000 millones de animales para nuestra alimentación, seres cuya capacidad de sentir placer y dolor es exactamente la misma que tiene el ser humano. No puede haber nutrientes en esa carne; lo único que contiene es una inmensa carga de dolor que perjudica a quienes la ingieren.

Los hechos están ahí, pero no quiero convencer a nadie de nada. Solo te invito a reflexionar al respecto. Hubo una época en la historia de la humanidad en la que comíamos lo que teníamos a nuestro alcance, pero esto ya no es así. Hoy en día tenemos a nuestra disposición establecimientos que contienen multitud de alimentos, todos con su frecuencia vibratoria. Tenemos la oportunidad de elegir los que implican menos dolor, que son, a la vez, los más favorables a nuestra salud, a la calidad de nuestra vibración y a nuestro avance espiritual.

Práctica

HERMÁNATE CON TU CUERPO

En un espacio de recogimiento, hazte las siguientes preguntas:

a) ¿Por qué tengo este cuerpo?
Elegiste las características de tu cuerpo físico antes de nacer para poder desarrollar en él una etapa de tu plan evolutivo general. ¿Has criticado tu cuerpo en ocasiones? ¿Has deseado que fuese distinto? ¿Lo has comparado con otros cuerpos? ¿Por qué?

¿Por cuestiones esenciales, o solo en base a los estereotipos de la época? ¿Por razones objetivas o por los deseos de vanagloria del ego? Observa cómo has llegado hasta el punto en que estás en tu vida con tu cuerpo y gracias a tu cuerpo. ¿Qué cosas buenas has hecho y qué más puedes hacer por medio de él? ¿Cómo puedes ser una buena influencia para ti mismo y para el mundo por medio de lo que puedes expresar y manifestar a través de tu cuerpo? Si el plan de tu alma para esta encarnación no es aprender a gestionar una gran fuerza o un gran atractivo, es posible que tu cuerpo no sea el más fuerte o el que más atrape las miradas de los demás por su belleza. Pero es el apropiado para que recorras tu camino. Piensa por ejemplo en el cuerpo físico de Gandhi o el de Stephen Hawking y en lo que fueron capaces de hacer los «inquilinos» de esos vehículos. Da las gracias.

b) ¿Creé yo mi cuerpo físico?

Con tu inteligencia humana ¿te ves creando un cuerpo físico? La construcción progresiva de un organismo constituido por billones de células a partir del cigoto original, más los miles de procesos que tienen lugar en el cuerpo humano momento a momento en perfecta sincronía... Respiras, sí, pero depende del cuerpo la gestión del aire que incorporas en él. Comes, sí, pero depende del cuerpo convertir los alimentos en nutrientes y distribuirlos adecuadamente. Tu corazón late enteramente por sí mismo. Cuando estás dormido, ni siquiera eres consciente del cuerpo, pero sigue llevando a cabo magníficamente sus funciones.

Parece claro que una inteligencia superior a la de tu personalidad creó tu cuerpo y lo mantiene en funcionamiento. Por tanto, tu cuerpo no es exactamente tuyo; no es tu creación. Sin embargo, se te ha cedido enteramente. Da las gracias por tan magnífico regalo.

A su vez, si tu cuerpo no es tuyo, no pretendas disponer de él para siempre. Acepta que deberás abandonarlo «cuando venza el contrato de alquiler». Con el fallecimiento físico, la vida no te quitará nada. Nunca tuviste nada en la esfera de lo físico; por tanto, no se te puede quitar nada en este ámbito. Sencillamente, se te está brindando una oportunidad excepcional, por un tiempo, en un plano de existencia que no es esencialmente el tuyo. Da las gracias y aprovéchalo.

c) ¿Qué sería yo sin mi cuerpo físico?

Serías un alma maravillosa, pero desde luego no serías una persona. Piensa en algunas de las circunstancias que puedes vivir en este mundo por medio de tu cuerpo. Da las gracias por esta magnífica oportunidad.

Práctica

SALUDA EL NUEVO DÍA

a) ¿Te has despertado esta mañana? ¡Enhorabuena!

Has pasado unas horas ajeno al cuerpo físico y ahora, de pronto, vuelves a sentirte en él. Toma consciencia de que se te ha dado una oportunidad más de tener experiencias en el plano físico. Da las gracias.

b) Salúdate en el espejo

Según un viejo dicho, la cara es el espejo del alma. ¿Con qué aspecto te has levantado? Mírate a los ojos. ¿Brillan, tienen chispa, o están apagados? ¿Te sientes cómplice de ti mismo o, al contrario, no te haces caso, o bien te criticas por cualquier imperfección que hayas podido detectar en tu cuerpo, igual que criticarías cualquiera de tus pertenencias que tuviese un desperfecto? Recuerda tu origen divino y el viaje extraordinario en el que estás inmerso. Recuerda que tu cuerpo no es algo inerte sino muy vivo, y que debes animarlo desde dentro, con tu toma de consciencia del milagro de la existencia y tu actitud favorable a la vida. Sonríete.

Práctica

ESCUCHA A TU CUERPO

Como vivimos enfocados en unos objetivos externos, tenemos atrofiada la facultad de escuchar al cuerpo. Normalmente queremos que se someta a nuestras exigencias, sin más. Pero ¿qué nos pide él a nosotros? Es bueno que tomemos consciencia de ello.

a) ¿Cómo está tu cuerpo al despertarte?
Una vez que has tomado consciencia de volver a estar en el cuerpo, examina cómo se encuentra. Puede ser una impresión rápida; puedes efectuar esta observación sentado en la cama antes de ducharte. Observa si te sientes despejado o cansado, o si te duele alguna parte. Por supuesto, hay síntomas que pueden justificar una visita al médico, pero en muchos casos las pequeñas molestias no son más que manifestaciones temporales. Todo lo que no sea que te hayas levantado despejado y con un nivel de energía aceptable debe invitarte a reflexionar sobre tu estilo de vida: tus horas de sueño y la calidad de tu sueño, tus patrones alimentarios, tu nivel de estrés y tu gestión del mismo, tu grado de sedentarismo o actividad física, etc. Toma consciencia de aquellos hábitos que puedas cambiar o modificar con el fin de que tu cuerpo se encuentre en un mejor estado de forma.

b) Haz un recorrido por tu cuerpo
Antes de desayunar si puede ser, siéntate en una postura cómoda pero con la espalda recta, y recorre mentalmente tu cuerpo,

desde la cabeza hasta los pies, centímetro a centímetro, como si lo estuvieses escaneando. En el curso de este recorrido, toma consciencia de todas las sensaciones que experimentes, tanto en la parte más superficial del cuerpo como en las partes más internas: impresiones de calor o frío, cosquilleos, el fluir de la sangre, dolores, etc. No te hables a ti mismo nombrándote las sensaciones; limítate a sentirlas. Allí donde experimentes dolor o tensión, pon la intención de soltar esa sensación por medio de relajar la zona. Con esta práctica te sensibilizarás en cuanto a la escucha del cuerpo.

Práctica

UNA MODERADA DISCIPLINA FRENTE A LOS ANTOJOS ALIMENTARIOS

La próxima vez que no quieras comer algo pero te sientas impulsado a hacerlo, haz lo siguiente, sentado en postura de meditación preferiblemente.

En primer lugar, discierne tu grado de hambre. ¿Estás hambriento y justifica esto tu apetencia? Si, efectivamente, tu estómago está hambriento, considera qué estimarías oportuno consumir en lugar del comestible no deseable que parece pedirte el cuerpo. A continuación, identifica en qué parte del cuerpo se manifiesta la apetencia no deseable. Siéntela, percibe su textura y permite que aparezcan emociones y pensamientos vinculados con ella.

Una vez que hayas identificado todo ello, evoca la comida que sí considerarías oportuno consumir. ¿Se va adaptando tu apetencia a ese alimento deseable? ¿O no hay manera? Si al cabo de unos minutos sigue siendo fuerte tu anhelo del comestible no saludable, cómelo, pero con plena consciencia y lentamente.

Haz pausas para percibir qué aspectos corporales, emocionales y mentales se están viendo satisfechos. Y sé sincero en cuanto a la satisfacción sensorial: el deleite asociado a un determinado sabor no tarda en menguar; cuando ya no sea el cuerpo el que esté experimentando una especial satisfacción con ese sabor, lo único que te estará impulsando a seguir serán determinadas sensaciones emocionales y mentales. Cuando tus emociones y pensamientos ya no tengan al cuerpo como aliado, te resultará más fácil contrarrestarlos con tus verdaderas intenciones.

Si tu estómago no está hambriento y aparece un antojo, sumérgete en las sensaciones corporales, emocionales y mentales con las que se manifiesta. Esta toma de consciencia puede acabar con el antojo en el plazo de unos pocos minutos, pero si no es así, procede a comer ese producto. Ahora bien, en este caso tu estómago parte de un estado de saciedad, de manera que puede ser que no le siente bien ese exceso. Sé consciente de todos los efectos de la sobreingesta, de cualquier malestar que se pueda producir. Ello va a constituir un aliciente para un cambio progresivo de hábitos. El efecto puede ser demorado; es decir, puede consistir en algún kilo de más al cabo de unos días, o en algún problema de salud. Cuando percibas ese efecto, siéntate con tu irritación. Evoca tu último antojo y los pensamientos y emociones que lo alimentaron. Pero en este caso tu enfado es mayor que la fuerza de esos pensamientos y emociones evocados; aprovecha esta fuerza para decirles: «No. Aquí mando yo y decido lo que voy a comer». La próxima vez que aparezca el antojo y toda su comitiva de pensamientos y emociones, evoca esta determinación. Poco a poco irás consiguiendo el mando consciente sobre tu cuerpo.

Puedes extrapolar esta práctica vinculada a la ingesta a otras situaciones en las que necesites afirmar tu dominio sobre el cuerpo: sé muy consciente de todas las sensaciones implicadas, cede con consciencia si la situación te desborda, y examínate mientras tienes el comportamiento no deseable. A su vez, no pases por alto ninguna de las consecuencias negativas; aprovéchalas para fortalecerte y afirmar tu supremacía sobre el cuerpo. Recuerda en todo momento que eres mucho más que el cuerpo físico; no por ello subestimes la fuerza de tracción que tiene la materia, pero sí ten el convencimiento de que está en tu mano dominarla. Ten presente, también, que el triunfo del Yo Superior en esta dinámica te aporta unas vitaminas conscienciales que nada más te podría aportar. Algo que puede ayudarte es reflexionar sobre el carácter efímero de los anhelos de placer: no están, de pronto parecen lo más importante del mundo, y después no estarán. ¿Qué «credibilidad» tiene algo que se manifiesta de forma tan efímera y caprichosa? Lo que siempre está eres *tú*. Reivindica tu prevalencia.

Práctica

MUÉVETE CON CONSCIENCIA

Elige una actividad sencilla para proponerte ser consciente de todos los movimientos que efectúes en el curso de esa actividad, así como de lo que percibas a través de los sentidos en el contexto de dicha actividad. Ejemplos de situaciones en las que llevar a cabo esta práctica pueden ser lavar los platos, vestirte, desvestirte, ducharte, disponerte a conducir tu coche, etc. Progresivamente, haz extensiva esta atención a otros momentos también: tus movimientos al caminar, tus gestos al hablar, etc.

Te darás cuenta de que tu cuerpo tiene incorporados unos automatismos. Contradice el automatismo por medio de incorporar algún gesto o movimiento que normalmente no harías en el curso de esa actividad. Haz algo diferente. Recuérdale a tu cuerpo que puedes desconectar el piloto automático en cualquier momento.

Capítulo 6

EL CUERPO ETÉRICO

INVISIBLE, PERO REAL

El cuerpo etérico (también llamado *doble etérico*, *doble corpóreo* o *cuerpo vital*) es físico en realidad, porque la materia etérica también forma parte del plano físico, aunque es menos densa que la materia que vemos y con la que estamos familiarizados. La mayoría de las personas no somos capaces de ver el cuerpo etérico, pero algunas sí pueden verlo, gracias al don de la clarividencia. Para mí, estas personas son dignas de credibilidad, como lo son los sabios y las sabias de todas las épocas que nos han hablado de que el aspecto físico del ser humano cuenta con una contraparte más sutil. Gracias a las personas que pueden verlo sabemos que este cuerpo sobresale unos centímetros del cuerpo físico denso. Algunos lo confunden con el aura, pero no es lo mismo, pues el aura que algunas personas perciben puede derivar del componente etérico pero también del emocional o astral, o del mental.

EL «CORDÓN DE PLATA» Y EL FALLECIMIENTO

El cuerpo físico etérico (en adelante, en este capítulo, CFE) es el origen de la vitalidad del cuerpo físico denso (en adelante, en este capítulo, CFD), de modo que ambos cuerpos deben permanecer unidos para que la vida humana pueda tener lugar. El vínculo que une a ambos es el famoso *cordón de plata*, denominación que tiene su origen en Eclesiastés (12: 6). No es un cordón de plata en realidad; quienes pueden verlo lo describen como un hilo energético que tiene una luminosidad plateada. Se trata de una corriente de energía, de un flujo de vitalidad que emana de la propia materia constitutiva del CDE y que llega al CFD.

Hay ocasiones en las que ambos cuerpos físicos, el denso y el etérico, pueden verse separados temporalmente. Esto puede ocurrir de resultas de una conmoción o por efecto de la anestesia; también por haber entrado en estado de trance. De todos modos, el «cordón de plata» sigue uniendo a ambos cuerpos. La rotura de dicho cordón implica que la vitalidad deja de fluir al CFD, y se produce el fallecimiento. Mientras el cordón de plata no se rompa, no acontecerá la muerte física. Este hecho posibilita que se produzcan las experiencias cercanas a la muerte: aparentemente, el CFD ha muerto, pero el cordón de plata sigue vinculándolo al CFE.

Tras el fallecimiento del CFD, el CFE experimenta una desintegración gradual, a lo largo de dos, tres o cuatro días. Durante ese tiempo, permanece lo más cerca posible del CFD, o de sus cenizas. Los «fantasmas» que en ocasiones pueden verse en los cementerios corresponden a cuerpos etéricos en proceso de disolución.

El cuerpo que nos ocupa cumple tres funciones determinantes (entre otras, que no se abordarán aquí): en primer lugar, el CFD se construye sobre el molde que proporciona el CFE. En segundo lugar, y como se ha mencionado, la energía vital, también conocida como *prana*, llega al CFD procedente del CFE. En tercer lugar, el CFE constituye el vínculo entre la actividad emocional y mental y el CFD.

EL C. F. E., MOLDE DEL C. F. D.

Antiguamente, en la caja de los puzles venía un tapete que contenía el dibujo o la fotografía de la imagen que había que lograr. Uno llegaba a casa, abría la caja y lo primero que hacía era sacar el tapete, el cual disponía en el suelo o sobre una mesa para montar el puzle sobre el mismo, con paciencia, poco a poco. Al finalizar, la imagen del tapete quedaba cubierta por todas las piezas ensambladas.

Metafóricamente hablando, las piezas son el CFD y el tapete es el CFE. Es decir, el CFD se construye sobre el molde que ofrece el CFE. Esto se pone de manifiesto si observamos el proceso de gestación de los bebés humanos.

Cuando se unen la célula masculina y la femenina en el útero en el momento de la fecundación, se crea el cigoto. A partir de ahí empieza la gestación del bebé, que por término medio dura nueve meses. Durante ese tiempo, tiene lugar un proceso de reproducción celular. Y resulta extremadamente curioso que las células que van apareciendo van ocupando siempre el mismo sitio siguiendo el mismo orden, ya se trate de un bebé esquimal o pigmeo, o concebido en cualquier época (en 2019, hace cincuenta años, hace cien años...). Por ejemplo, los dedos de una manita se van conformando según un mismo orden, y las células de cada dedo también. Esto muestra que la construcción va siguiendo el patrón del molde corpóreo proporcionado por el CFE.

El bioquímico y biólogo Rupert Sheldrake habló de la existencia de los *campos morfogenéticos*, concepto muy similar al que se acaba de describir: «Los organismos en crecimiento adquieren forma a partir de campos que están tanto dentro como alrededor de ellos; campos que contienen, por así decirlo, la forma del organismo».

Otra muestra de la existencia del CFE deriva de que hoy en día la ciencia sabe crear células de hígado por ejemplo pero no sabe cómo formar un hígado, porque desconoce los patrones y las pautas que subyacen precisamente a la existencia del CFE.

La función de molde del CFE tiene repercusiones prácticas, por ejemplo en relación con los trasplantes: el CFD presenta resistencias al trasplante porque no percibe esa pieza como suya. Hay que mantener una atención continua y suministrar fármacos inmunosupresores ante la «actitud» de rechazo sostenida por parte del CFD.

EL CUERPO ETÉRICO, RECEPTOR Y TRANSMISOR DE LA VITALIDAD

Desde la noche de los tiempos se ha dicho que la vida es una y está en todas partes. La vida es una especie de energía que se conoce como *principio vital*, *vitalidad* o *prana*, y nos la vamos haciendo nuestra todo el rato. Ahora bien, el CFD no puede absorber la vida por sí mismo; no cuenta con instrumentos para hacerlo. Necesita el CFE para ello, el cual sí tiene la capacidad de absorber la energía que está en nuestro entorno.

Hay personas que no tienen ganas de levantarse por la mañana, ni fuerzas para ello, y la vida se les hace cuesta arriba. A veces se trata de bajones de ánimo, y en otros casos de depresiones profundas. A estas personas les falta vitalidad. Cuando falta vitalidad, ocurre que el CFE no la está captando adecuadamente, ni la está transmitiendo como convendría al CFD, a través del cordón de plata. No es por medio de la comida como adquiere vitalidad el CFD, ni por medio de medicamentos, sino que la recibe del CFE, el cual tiene la capacidad de absorberla directamente. ¿De dónde?; del sol, sobre todo.

El logos solar, nuestro padre, es la gran fuente de vitalidad. Los rayos solares llegan a la tierra siempre que es de día, aunque esté nublado. El CFE capta esta vitalidad como si de una esponja se tratase y la transmite al CFD, el cual se llena de ella y adquiere vigor. Hay otra fuente de vitalidad, y es la naturaleza, en sentido amplio: la playa, la montaña, un parque...

Por tanto, para dotarte de vitalidad, exponte al sol y a la naturaleza. Pasea por entornos naturales, aunque sea un parque de la ciudad, y procura que te dé el sol –pero evitando quemarte–. Todos tenemos la experiencia de que estas actividades nos aportan energía. Si haces esto consciente de que tu CFE se está recargando y está transmitiendo vitalidad al CFD, el efecto será más potente que si te expones sin aplicar esta intención. Junto con el incremento de la vitalidad, tu estado de ánimo también mejorará.

Cuando el CFE transmite vitalidad al CFD a través del cordón de plata, dicha vitalidad se extiende por todo el CFD a través de las líneas de energía de este, e incluso se produce un sobrante, que irradia en todas direcciones. Esta luz es denominada *aura de la salud* y no presenta un color uniforme, sino que sus colores y vibraciones reflejan el estado de vitalidad y salud de la persona. Si las condiciones de vitalidad y salud son buenas, esta luz presenta un color blanco azulado.

Hay quienes mantienen la idea de que gracias al principio vital que absorbe y nos transmite el CFE seríamos capaces de vivir sin alimentarnos. Hay personas que lo hacen, que viven de absorber el prana solamente. No te estoy planteando que optes por algo tan radical, ni me lo estoy planteando en relación conmigo mismo, pero es interesante saber que en este mismo planeta y en estos tiempos hay gente que está materializando esta posibilidad, conocida generalmente como *vivir de luz*.

EL C. F. E., TRANSMISOR DE LAS INFLUENCIAS PROCEDENTES DE LOS ÁMBITOS EMOCIONAL Y MENTAL

Mucha gente cree que el ámbito emocional y mental (el mundo de las emociones, los pensamientos, los deseos...) está metido en el cuerpo físico. Esto no es así. El CFD es una cosa, las emociones son otra y el mundo de los pensamientos es otra. Hay una interrelación entre los tres ámbitos, pero son distintos; pertenecen a dimensiones diferentes.

Compruébalo por medio de una práctica muy sencilla. Mira tu cuerpo físico y percibe las sensaciones que le atañen: táctiles, impresiones de frío o calor, movimientos interiores... su estado de salud... sus tendencias naturales... A continuación, contempla tu ámbito emocional, compuesto por sentimientos, emociones, anhelos... Date cuenta de que este ámbito es distinto del físico. Y presta atención ahora a tu aspecto mental; a esa voz que no se calla, a esos pensamientos que van y vienen. ¿Cómo son? ¿Pacíficos, belicosos, egoístas, altruistas...?

El ámbito emocional se desenvuelve en su campo, el ámbito mental en el suyo, y ambos campos son autónomos del CFD. Eso sí, los tres ámbitos se interrelacionan, como está ampliamente reconocido. Es bien sabido que el mundo emocional influye en el mental, y el emocional y el mental repercuten en el ámbito físico, hasta el punto de que pueden producir desequilibrios y enfermedades, como ya se expuso al tratar estas en el capítulo anterior. Ahora bien, el CFD, en su densidad, no está capacitado para recibir directamente las emociones y los pensamientos, que son mucho más sutiles. Es gracias al CFE que las emociones y los pensamientos pueden llegar a él. Y esta es la tercera función del CFE.

Esta realidad conduce a la siguiente reflexión: como hemos visto cuando hablábamos del CFD, lo estamos construyendo continuamente por medio de lo que comemos y bebemos. Y ¿qué ocurre en cuanto al CFE? ¿Estamos fomentando su calidad o menoscabándola? ¿Lo tenemos en óptimas condiciones para captar la vitalidad del entorno? ¿Está en buena forma?

La manera en que afectamos al CFE es por medio de nuestras emociones y pensamientos; se ve influido por sus características, sus contenidos, su vibración.

Las tensiones, turbulencias, desarmonías y egoísmos que tengan lugar en los ámbitos emocional y mental desestabilizan el CFE y hacen que sea menos capaz de captar y transmitir la vitalidad. La posibilidad de alimentarse de prana, de «vivir de luz», depende de que se tengan los ámbitos mental y emocional muy equilibrados. Es este gran equilibrio el que hace que el CFE esté en las condiciones óptimas que le permiten absorber y canalizar la vitalidad hasta el punto de que la energía circundante sea suficiente para sostener al CFD. Muy pocas personas pueden permitirse esto hoy en día, pero esperemos que puedan ser más a medida que la expansión de la consciencia vaya calando en la humanidad.

EL SALUDO AL SOL

Aprende la secuencia de asanas yóguicas conocida como saludo al sol (*surya namaskar*); las encontrarás fácilmente en Internet o en libros de *hatha yoga*. Es especialmente recomendable efectuar el saludo al sol al levantarse, o antes de desayunar, para inducir equilibrio al cuerpo físico y cargarse de energía para empezar al día.

UNA BOLA DE ENERGÍA

Para realizar esta práctica puedes acompañarte de una música muy suave, de carácter meditativo. En postura estirada sobre una esterilla o colchoneta (la cama sería demasiado blanda), cierra los ojos y procura que tus labios dibujen una ligera sonrisa. Relaja el cuerpo todo lo que puedas y respira suavemente, de tal manera que la respiración se vaya aquietando, de forma natural. Poco a poco, ve pasando de percibir la respiración a percibir el pulso de la sangre. Podrás sentirlo especialmente al finalizar las inhalaciones y exhalaciones, en los momentos de pausa previos al próximo movimiento respiratorio, en distintas partes del cuerpo. Cuando estés percibiendo los pulsos, visualiza corrientes de luz-energía que están recorriendo rápidamente tu organismo. Finalmente, visualiza que tu cuerpo es de luz. Al final de cada respiración, la luz es más contundente y se expande alrededor de tu cuerpo, envolviéndolo en una burbuja. Eres una presencia luminosa envuelta en una burbuja de luz.

Tras unos momentos gozando este estado, hazte consciente de los puntos de apoyo del cuerpo en el suelo. Recupera el ritmo respiratorio normal y acaba de tomar consciencia del cuerpo físico, si bien ahora está lleno de energía. El efecto de esta práctica es más acentuado si se ha movido conscientemente el cuerpo previamente, en el curso de algunas asanas de yoga preferiblemente.

Capítulo 7

EL CUERPO EMOCIONAL Y EL PLANO ASTRAL

UNA ANALOGÍA ACUOSA

El cuerpo físico denso (en adelante, *cuerpo físico*, para abreviar) y el cuerpo físico etérico (en adelante, *cuerpo etérico*, para abreviar) se mueven en el ámbito físico. Pero hay también un plano astral y un plano mental, tan reales como el físico, aunque la mayoría de las personas no tengan consciencia de ellos. Los seres humanos vivimos a la vez en el plano físico, el astral y el mental.

Una analogía puede ayudar a entenderlo. El agua (H_2O) vive en estado líquido en los océanos, los mares, los ríos, las botellas de agua mineral, el agua del grifo... Pero sabemos que el H_2O también vive en estado sólido: en el congelador de nuestra casa, en los casquetes polares, en lo alto de las grandes montañas... Y el H_2O líquido se evapora; vive entonces en estado gaseoso, y forma las nubes. Se trata de H_2O en todas las ocasiones, pero los estados del mismo son diversos. Asimismo, el ser humano vive a la vez «en estado sólido» (como cuerpo físico), «en estado líquido» (como cuerpo emocional) y «en estado gaseoso» (como cuerpo mental).

¿Qué quiere decir esto? Que las emociones que sentimos y los pensamientos que tenemos no pertenecen al ámbito de lo físico. Las emociones, en concreto, pertenecen al plano astral, que es donde vive nuestro cuerpo emocional. Es en este cuerpo en el que tienen lugar las emociones que, a través del cuerpo etérico, acaban por manifestarse como sensaciones en el cuerpo físico.

¿QUÉ SABEMOS DEL CUERPO EMOCIONAL?

El cuerpo emocional se compenetra con la forma física pero su tamaño es algo mayor que el del cuerpo físico e incluso que el del cuerpo etérico, de modo que podemos decir que «sobresale» un poco más allá de estos. La mayoría de las personas no pueden verlo, pero sí pueden hacerlo muchos individuos clarividentes. Estos afirman que el cuerpo emocional está moviéndose constantemente y que su aspecto es radiante. Se debe a esta luminosidad el nombre por el que es más conocido: *cuerpo astral*, a partir de la palabra griega *astron*, 'estrella'. En este libro se evita esta denominación para hacer referencia al cuerpo emocional porque ha sido utilizada con distintos sentidos, lo cual puede dar lugar a confusiones.

La luminosidad del cuerpo emocional no es uniforme. De hecho, sus características dependen en gran medida del grado de evolución espiritual de la persona. Cuanto mayor sea esta, más brillantes serán los colores, y al revés.

La mayor parte de la materia que constituye el cuerpo emocional está dentro de los límites del cuerpo físico durante las horas de vigilia. En este tiempo, la mayoría de las líneas de fuerza del cuerpo emocional siguen la silueta del cuerpo físico. Esto hace que la silueta del cuerpo emocional sea reconocible cuando, en las horas del sueño, se desvincula del cuerpo físico y opera en el plano astral.

De todas formas, el cuerpo emocional no tiene realmente una forma propia durante la vida física; esta no se concretará hasta después del fallecimiento, cuando operen otro tipo de fuerzas sobre la materia astral de la persona. En el momento en que se produce el fallecimiento físico, lo que muere es el cuerpo físico denso, el etérico se desintegra a los pocos días, y el cuerpo emocional permanecerá en el plano astral durante una cantidad de tiempo indeterminada antes de su disolución final. Como se exponía en el capítulo 4, la velocidad de su disolución está en relación directa con su grado de densidad, lo cual, a su vez, está en función del grado de evolución espiritual de la persona.

He mencionado que, durante el sueño, el cuerpo emocional se desvincula del cuerpo físico. Durante la vigilia, tenemos la consciencia muy centrada en lo físico, pero esto deja de ser así durante el sueño: mientras dormimos, nuestra consciencia sigue activa, pero está ubicada en el cuerpo emocional. Este cuerpo tiene sus propias experiencias mientras el cuerpo físico está en reposo, y algunas de ellas llegan hasta el cerebro físico; entonces tenemos recuerdos más o menos vagos de lo que hemos soñado o somos conscientes de otras impresiones.

LOS VIAJES ASTRALES

Cuando el cuerpo emocional lleva a cabo su propia actividad durante el sueño, es común decir que tienen lugar *viajes astrales*. En realidad no se trata de viajes, pues no vamos a ningún sitio.

Debemos entender por «viajes» el hecho de que, durante el sueño, la consciencia enfoca la atención en el plano astral, en el que siempre estamos.

Hay una circunstancia en particular que puede darnos una idea de la naturaleza del fenómeno de los viajes astrales. Es aquella en la que el cuerpo físico se está despertando pero no podemos moverlo, durante unos segundos. Esto ocurre porque la consciencia aún no ha regresado del plano astral. A mí esto me ha pasado dos veces; la primera me asusté, porque desconocía el fenómeno. La sensación es la de estar aprisionado contra la cama por una gran energía exterior que «chafa» el cuerpo y le impide cualquier movimiento. Al cabo de un rato, la movilidad se va recuperando, y uno se puede levantar sin problemas.

Normalmente, recordamos poco de lo que hemos experimentado en el plano astral, o solo lo podemos evocar de forma confusa. Esto ocurre porque no hemos ido ahí de forma consciente —hay que haber avanzado considerablemente en la práctica de la meditación para tener esta capacidad—. No obstante, los yoguis y las personas que han alcanzado niveles elevados en el ámbito de la meditación no aconsejan visitar el ámbito astral porque en él se encuentran, como se expondrá de inmediato, modalidades de vida de baja frecuencia vibratoria, integradas en el denominado *bajo astral*.

Práctica

DESPERTAR EN EL ASTRAL

Soñamos dormidos, soñamos despiertos. Es decir, nos pasamos el día proyectando emociones y pensamientos en lugar de permanecer atentos a lo que es, sin efectuar nuestras propias proyecciones. No es extraño que, al llegar la noche y dormirnos, esta hiperactividad campe a sus anchas en el plano astral y recreemos nuestro propio mundo, a través de los sueños.

Una práctica interesante para empezar a discernir lo real de nuestras proyecciones consiste en cuestionarnos si lo que estamos viviendo es objetivo o una mera proyección. Es muy interesante que, en medio de un sueño, podamos detectar que estamos soñando y despertemos, así, dentro del sueño. Lo más probable es que al cabo de muy poco tiempo el sueño acabe, pues no tiene sentido que siga desarrollándose una vez que ha sido desenmascarado.

Ahora bien, ¿cómo hacemos para llegar a cuestionarnos que estamos soñando? Es difícil que, sin más, se nos ocurra hacerlo en mitad del sueño. En los sueños mantenemos la actitud ante la vida que hemos cultivado durante la vigilia, y si en la vigilia no nos hemos cuestionado la realidad que estamos viviendo, en el sueño tampoco vamos a hacerlo. Por tanto, la inercia debe romperse en la vigilia.

El principal punto de contacto entre la vigilia y los sueños son las situaciones inusuales. En los sueños abundan las circunstancias que no son «realistas», y si detectamos cualquiera de ellas como «demasiado rara para ser verdad», tendremos la pista de que estamos soñando. Ahora bien, como la actitud de cuestionamiento debe cultivarse en la vigilia, procede de la siguiente manera: cada vez que en tu vida diaria acontezca algo fuera de lo habitual, por poco relevante que sea, pregúntate: «¿Puede ser que esté soñando?». Y, si tienes ocasión, da tres pequeños saltos hacia arriba con la intención de quedar flotando. Por supuesto, volverás al suelo en cada ocasión. Pero cuando hayas estado practicando esto, llegará el momento en que te acordarás de hacerlo cuando estés en medio de un sueño. Aparecerá alguna circunstancia más o menos inusual, y te dirás: «Seguro que estoy en vigilia, pero bueno, voy a hacer lo de los tres saltos por si acaso».

En esa ocasión, sin embargo, y para tu sorpresa, tu cuerpo astral quedará flotando cuando des alguno de los saltos. Entonces, sabiendo que estás soñando, explora conscientemente tu sueño en la medida de lo posible. Lo más probable será que no tardes en despertarte, pues te habrás «pillado» a ti mismo proyectando, y esta toma de consciencia suele poner fin al sueño.

Proyectamos en los sueños porque proyectamos en la vigilia. Con esta práctica nos habituamos a proyectar menos en cualquier ámbito, y nuestra consciencia se va liberando.

EL ASTRAL SUPERIOR Y EL ASTRAL INFERIOR

Gracias a las personas que pueden moverse por el plano astral a voluntad sabemos que, a grandes rasgos, hay un plano astral superior y otro inferior. En realidad, la denominación *plano inferior* hace referencia a las modalidades de vida de tipo denso que habitan en el plano astral, y la denominación *plano superior* hace referencia a las modalidades de vida sutiles, de mayor nivel vibratorio, que moran en ese espacio.

Podemos conectar con el astral inferior o con el superior. Con cuál conectemos va a depender del grado de sutilidad o densidad de nuestro vehículo emocional. Si el cuerpo emocional es más denso, inevitablemente entrará en contacto con formas de vida densas del plano astral. Y si es lo bastante sutil, va a entrar en contacto con formas de vida del astral superior. Esto es matemático; entramos en conótacto con lo que está en sintonía con nuestra frecuencia emocional.

Y ¿qué es lo que determina la frecuencia de nuestro cuerpo emocional? El tipo de emociones que fomentemos en nosotros. Al hablar del cuerpo físico y del doble etérico veíamos que los estamos alimentando de determinadas maneras, y lo mismo ocurre con el cuerpo emocional. Si nuestro mundo emocional está alterado, nuestro nivel vibratorio emocional es bajo. Y si está equilibrado y armonizado, es alto. Esto se refleja en el aspecto que presenta el cuerpo emocional; por ejemplo, si en la persona predominan emociones como el egoísmo, la ambición, la lujuria, la envidia, la ira, la venganza, la gula o los celos, los colores que predominan son marrones oscuros, verdes barrosos y lívidos rojos.

EMOCIONES KAMÁSICAS Y MANÁSICAS

El cuerpo emocional es el vehículo de los sentimientos, emociones y deseos, que abarcan desde las pasiones más terrenales y egoicas hasta los sentimientos más nobles y altruistas. Con relación a las primeras, el cuerpo emocional es el origen de las tendencias biológicas e instintivas que el ser humano comparte con los animales y que distintas corrientes espirituales llaman *kamásicas*. En cuanto a los sentimientos más elevados, se encuentran ligados a cualidades del alma humana y se dice que son, por tanto, de tipo *manásico*.

Las emociones kamásicas constituyen pues el aspecto inferior del componente emocional del individuo: los sentimientos egoístas, las pasiones groseras, las inclinaciones agresivas y las tendencias egocéntricas, por ejemplo.

Y los sentimientos manásicos (o emociones manásicas) son los de perfil superior: la compasión, la empatía, la simpatía, la inspiración, la cooperación, la solidaridad, el compartir, la aspiración espiritual al amor, etc.

Annie Besant explicó que las emociones kamásicas tienen lugar por medio del astral inferior, mientras que las de tipo manásico lo hacen a través del astral superior.

EGOÍSMO Y EGOCENTRISMO

Es necesario distinguir lo egoico de lo egocéntrico, porque no es lo mismo.

Lo egoico es todo lo que tiene que ver con comportamientos muy llenos de codicia, de envidia, de cólera, de ira, de violencia, de conflicto. Por su propio desarrollo, hay muchas personas que están saliendo de ese estadio. En la medida en que vamos siendo cada vez más solidarios, más altruistas, más generosos, más compasivos y más empáticos vamos saliendo del ámbito del egoísmo. Pero la inmensa mayoría de seres humanos tienen aún mucho por hacer para salir de la esfera del egocentrismo.

El egocentrismo consiste, expresado de forma muy sintética, en confundir la vida con la propia vida. Digo muchas veces en mis charlas: que te duela el dedo chico del pie izquierdo es importante, pero la vida no es que te duela el dedo chico del pie izquierdo, por más que te duela. La vida es otra cosa, y como te obsesiones con que te duele el dedo chico del pie izquierdo, no estás contemplando la vida. Estás contemplando una parte minúscula de esta, desde una postura totalmente egocéntrica, y ello te va a impedir ver la vida tal como es.

La persona egocéntrica vive con la atención enfocada en lo que atañe a su mundo personal: su pareja, sus hijos, su familia, su trabajo, su actividad profesional, sus amigos, sus aficiones, sus entretenimientos, etc. El lenguaje pone de manifiesto, de forma muy obvia, la presencia del egocentrismo: la gente siempre pone el «mi» por delante y habla de «*mi* pareja», «*mi* hijo», «*mi* trabajo», etc. Pero es que incluso dice, contraviniendo toda lógica, «me voy a tomar *mi* café», ¡como si el café que va a tomar llevase una etiqueta con su nombre!

Otro componente del egocentrismo es el gusto por el entretenimiento, el ensimismamiento y las distracciones mentales. Las nuevas tecnologías están contribuyendo demasiado a la distracción mental, una plaga moderna que obnubila la mente y el carácter y dificulta enormemente que se puedan realizar avances en el plano consciencial.

Willigis Jäger, teólogo benedictino que hizo mucho por introducir el zen en Europa, autor de obras maravillosas como *La ola es el mar*, nos invita a dar un salto más allá del egocentrismo y situarnos en la consciencia transpersonal. El caso es que los deseos de origen egoico y egocéntrico son de baja frecuencia vibratoria y son, por tanto, fuente de turbulencias y perturbaciones emocionales. En el siguiente capítulo veremos la conveniencia de podar este tipo de deseos de nuestra vida, en contraste con lo que deberemos hacer con los deseos manásicos, de perfil superior o de alta gama: potenciarlos.

La frecuencia vibratoria del cuerpo emocional viene determinada por la calidad de las emociones que contiene. Evidentemente, en un individuo dado suelen aparecer entremezcladas distintas emociones; hay pocas personas que tengan un único tipo de emociones (altruistas o egoístas). Pero siempre predominan las de un tipo u otro, y es esta prevalencia y su intensidad lo que da lugar a la frecuencia vibratoria del cuerpo emocional. A partir de ahí, el individuo entra en contacto con formas de vida más densas o más sutiles del plano astral.

¡OJO CON LOS «MENSAJES» DEL ASTRAL!

Puesto que el ser humano no se conoce lo suficiente a sí mismo y a veces tiene en demasiada buena consideración su propio nivel vibratorio, puede ser que piense que ha entrado en contacto con el astral superior cuando en realidad lo ha hecho con el astral inferior. Hay personas que tienen determinadas percepciones (escuchan mensajes, efectúan canalizaciones, tienen visiones) y creen que formas de vida de alta vibración se han puesto en contacto con ellas, cuando puede muy bien haber ocurrido que el contacto lo hayan establecido entidades de baja vibración.

Hay que tener, pues, mucha precaución, un gran sentido de la responsabilidad, en relación con los mensajes que se reciben del astral. El factor clave es el estado emocional de la persona a la que «le llegan» las comunicaciones. En este sentido, hemos de procurar ser críticos con nosotros mismos si somos quienes tenemos las percepciones, o serlo con las personas que están ansiosas por transmitir lo que han visto u oído.

A veces se me acercan personas que afirman tener algo importante por transmitir como consecuencia de haber recibido algún mensaje o canalización por parte de algún ser de luz. En estos casos, lo primero que hago es evaluar el estado emocional de la persona. Puede ser que la conozca o, si no, «me hago uno con ella» para percibir cómo está. Si su mundo emocional es equilibrado y armónico, si no está pasando por turbulencias en este ámbito, valoro que es posible que haya entrado en contacto con una forma de vida sutil del plano astral, o incluso con su Yo Superior (con la tríada superior de la constitución septenaria). Ahora bien, si la persona no goza de un correcto equilibrio emocional, o si está viviendo agitaciones en este terreno, será más que probable que haya entrado en contacto con una forma de vida densa del astral. No me quiere engañar; se toma en serio lo que ha experimentado, y el «mensaje muy importante para la humanidad» que tiene por transmitir. Pero ha sido víctima de una broma.

En efecto, hay determinadas formas de vida en el plano astral que son muy bromistas, y juegan con el componente emocional del ser humano. Su forma de proceder es más o menos siempre la misma: le dicen a la persona que tienen un mensaje fundamental para la humanidad, y que la han elegido a ella por ser alguien muy especial. Uno debe ser muy honesto consigo mismo y, si se da cuenta de que el origen de estas comunicaciones no es de fiar, debe olvidarse radicalmente de ellas, pasar página.

«¿POR QUÉ NO YO?»

A mucha gente le gusta sentirse especial y ser merecedora de que los mundos sutiles se fijen en ella para el desarrollo de grandes planes evolutivos. Estas personas incluso buscan la comunicación con los planos invisibles; no se limitan a esperar que se produzca. Y creen que llevar a cabo ciertas prácticas del ámbito del psiquismo las ayudará a ello.

Sin embargo, abundan los textos espirituales serios que advierten de que hay que ser muy precavido en relación con el psiquismo y la fenomenología paranormal. Uno de ellos es *La ciencia de la yoga*, de I. K. Taimni, obra en la cual este prestigioso teósofo comenta los *Yoga sutras* de Patanjali. El caso es que todos los seres humanos tenemos capacidades, potencialidades, poderes (*siddhis* en el lenguaje de los *Yoga sutras*) latentes, los cuales se activarán exactamente cuando corresponda en el curso de nuestro proceso espiritual.

Debemos tener en cuenta que la evolución espiritual va dando frutos de manera natural. No tienes que preocuparte por los frutos, porque estos van a ir llegando cuando corresponda; igual que, en la naturaleza, los frutos llegan cuando es el momento oportuno. Lo importante es que tú estés en el sendero y pongas de tu parte para avanzar en él, en la práctica, por medio de tus comportamientos y de la gestión que hagas de tu mundo emocional y mental (respecto a lo cual se ahondará en los próximos capítulos). Deberás ocuparte de estos aspectos en el aquí-ahora sin plantearte grandes metas ni generarte expectativas, y lo que debas recibir, lo recibirás. Por ejemplo, en mi caso, en un determinado momento surgió en mí la plena confianza en la vida (a partir de la percepción de que no hay casualidades sino causalidades, de que todo tiene su sentido profundo, de que todo tiene su porqué y para qué...), y apareció sin que yo la forzara o pretendiera agarrarla. Y es que los frutos espirituales tienen la característica de que llegan cuando corresponde. Sin embargo, cuando partimos de una postura egoica o egocéntrica, queremos que este tipo de frutos lleguen lo antes posible a nuestra vida, e intentamos forzar su manifestación. Pero en esto no sirven los atajos. Si buscas un desvío que te permita llegar más rápido, lo que vas a hacer va a ser poner obstáculos en tu camino. En lugar de avanzar vas a estancarte e incluso retroceder.

¿Cuánta gente quiere hoy en día acceder a los registros akáshicos, despertar la kundalini, conocer sus vidas pasadas o tener contacto con maestros ascendidos o con *mahatmas*? Estas cosas son posibles y útiles, pero a su debido tiempo. Lo que conviene es que procedamos con sentido común y con paciencia. Empecemos por poner en orden nuestras ideas y avancemos paso a paso por el sendero espiritual, conforme a los mapas que siempre nos han mostrado quienes han recorrido el camino.

La kundalini, o serpiente ígnea, es una energía de gran intensidad que todos los seres humanos tenemos el potencial de despertar, y en los registros akáshicos consta todo lo acontecido en el universo desde el principio de los tiempos, incluidas por supuesto nuestras encarnaciones anteriores. Ahora bien, si intentas despertar la kundalini sin estar preparado, puedes tener problemas muy serios. Y ¿qué cabe decir del anhelo que tienen tantos individuos de conocer sus vidas pasadas? El teósofo C. W. Leadbeater escribió el libro titulado *Las últimas treinta vidas de Alcione* (Alcione es el nombre arquetípico de Krishnamurti, otro gran teósofo del s. xx), en el que empieza por remontarse a cientos de miles de años atrás. Ahora imagina que un Leadbeater moderno ha acudido a los registros akáshicos para informarse sobre tus últimas treinta vidas y ha hecho un libro con ello, y te lo ofrece. ¿Lo aceptarás? ¡No tan deprisa! Reflexiónalo: ¿de verdad estás en condiciones, en el punto en que te hallas en tu proceso consciencial y espiritual, de conocer tus últimas treinta vidas? ¿O las últimas tres? ¿O la inmediatamente anterior? Lo más probable es que si tuvieses este conocimiento recibirías tal impacto que no podrías seguir aprovechando la vida actual. En nuestra cadena de vidas hemos hecho de todo, y hemos sido casi de todo, y hemos acumulado experiencias de muchos tipos... Saber, de pronto, todo esto nos inmovilizaría.

Lo importante es que ya hemos vivido todo lo vivido y lo hemos incorporado en nuestro cuerpo causal y en nuestra alma. Puesto que ya está ahí, no hace falta que lo recordemos. Esta información solo es útil cuando llega a nosotros de forma natural. Si no, hay que medir muy bien la exploración de las vidas pasadas. Solo se puede aconsejar, con mucha prudencia, cuando barruntamos que algo que nos perturba en nuestra vida está ligado a algo acontecido en una vida anterior y queremos encontrar alguna pista al respecto; también puede serles útil a personas a quienes les resulta muy difícil darse cuenta de que se sigue viviendo después de la muerte.

En cuanto a los maestros ascendidos, es una denominación que inventó el escritor Guy Ballart en la década de 1930 a partir de su conocimiento de los *mahatmas*, que son unos pocos seres humanos que han completado su evolución espiritual y que, en lugar de «irse» a planos más elevados, siguen cerca de la humanidad, encarnados o no, para acompañarla, en una muestra de amor y compasión. Está escrito que hay unos sesenta *mahatmas* ('grandes almas') velando por la humanidad y el planeta Tierra. El Buda y Cristo Jesús son dos de ellos.

A partir de este fundamento, en la nueva era nos venden que nos podemos dirigir a los maestros ascendidos para que resuelvan nuestros problemas emocionales, económicos, etc. Esta pretensión es incluso irrespetuosa. El motivo por el que están aquí estos hermanos y hermanas mayores es el servicio bien entendido, y si alguno de ellos o ellas llega a dirigirse a ti será porque ve que puedes aportar algo específico en esa labor de servicio. No se dirigirá a ti para darte nada, sino para pedirte algo, y esa petición constituirá una prueba dentro de tu proceso espiritual —en cualquier caso, los *mahatmas* se dirigen a algún humano muy excepcionalmente—.

Hay textos antiguos que nos dicen que la Atlántida se atoró en su proceso espiritual porque la mayoría de quienes estaban avanzando a un ritmo más rápido se decantaron por el psiquismo. Esperemos que la historia no se repita.

Optamos por el psiquismo cuando queremos, expresamente, desarrollar poderes o facultades y tener contacto directo con seres que han completado su evolución. Olvidamos la clave, que es la vida cotidiana, el día a día, las formas en que nos relacionamos con nosotros mismos y con los demás.

Ha llegado pues el momento de poner los pies en el suelo, yo el primero, y recordar que el metal acaba por adquirir los colores del Sol como fruto de un proceso.

El psiquismo y el gusto por la fenomenología paranormal va en contra de nuestro proceso espiritual e incluso puede desembocar en trastornos psíquicos. Y también ocurre otra cosa: que son campo abonado para hacer negocio. No estoy hablando de la persona que como terapeuta o sanadora cobra una cantidad razonable por sus servicios, lo cual es lógico, sino del negocio, que es algo distinto. Estoy hablando, por ejemplo, de las cantidades de dinero y las condiciones abusivas que puede requerir un ponente para participar en un evento de tipo espiritual.

¿En serio podemos pensar que alguien que cobra 40.000 o 50.000 euros por dar una charla o impartir un taller está aportando espiritualidad? ¿Seguimos siendo tan infantiles en nuestro recorrido espiritual? ¿Aún no nos hemos dado cuenta de que el mensaje es importante pero que inevitablemente tenemos que contrastarlo con el mensajero? Es imprescindible conocer al mensajero. Porque los mensajes pueden estar interpretados e incluso afectados vibratoriamente por quien los transmite. Y, desde luego, si el mensajero se está moviendo en el ámbito del psiquismo y del negocio, sus mensajes no tendrán absolutamente nada de espirituales. Lo digo desde el amor y el respeto más absolutos, con la comprensión de que cada cual está siguiendo su proceso evolutivo y tiene su estado de consciencia.

En definitiva: avanza tranquilo por el sendero, sin prisa pero sin pausa, presente en el aquí y ahora (aspectos en los que se ahondará) para que tu mundo emocional y mental, y tus comportamientos, tengan una frecuencia vibratoria cada vez mayor. Los beneficios espirituales irán llegando a ti, de forma simple y natural.

Capítulo 8

EL TRABAJO CON EL CUERPO EMOCIONAL

SOBRE LAS PERTURBACIONES EMOCIONALES Y MENTALES

En primer lugar, es necesario distinguir entre las perturbaciones emocionales y las mentales; es muy importante para nuestro autoconocimiento. Ambos tipos de perturbaciones son distintas, siguen un proceso distinto y afectan al cuerpo físico de maneras diferentes. Por ello, no se apaciguan de la misma manera.

Lo primero a tener en cuenta es que las turbulencias emocionales surgen de forma repentina; no las teníamos y de pronto las tenemos. Por ejemplo, estamos tan tranquilos y de pronto recibimos la noticia de que un ser muy querido ha tenido un accidente, o de que ha fallecido. En un instante, el mundo emocional que estaba en calma pasa a estar tremendamente alterado. En contraste, las perturbaciones mentales siguen un proceso de complicación progresiva: empezamos a dar vueltas en la cabeza a un asunto que nos preocupa, y cuantas más vueltas le damos más lío experimentamos, mayor es la turbulencia. Por poner un ejemplo, imaginemos a una pareja que tiene varios hijos no independizados, y que de pronto él o ella recibe la noticia de que su cónyuge ha muerto. Por supuesto, lo que se manifiesta de pronto es una gran turbulencia emocional, un dolor enorme, pero al cabo de unas horas, unos días o unas semanas puede ser que empiecen a aparecer preocupaciones de tipo práctico en la cabeza del viudo o la viuda: comienza a plantearse si la familia será capaz de salir adelante, o de mantener el nivel de vida, con un solo sueldo. Esta preocupación, de tipo mental, se va convirtiendo en turbulencia a medida que la persona le va dando vueltas.

Por otra parte, ambos tipos de turbulencias se manifiestan en el cuerpo físico de maneras diferentes. A través del cuerpo etérico, las turbulencias emocionales tienen un impacto en la zona del alto tórax o en la zona del bajo tórax o plexo solar. En cuanto a la zona del alto tórax (que incluye especialmente el corazón y los pulmones), podemos notar un efecto en forma de presión, que puede manifestarse como ansiedad: dificultades para respirar y alteración del ritmo cardíaco, fundamentalmente. En la zona del plexo solar, que se extiende entre el ombligo y el corazón, una manifestación característica es una especie de presión en el estómago. Esta es otra expresión de la ansiedad (se dice, con razón, que las preocupaciones generan úlceras estomacales). En cambio, las turbulencias mentales tienen lugar en el cerebro, donde experimentamos una especie de atolondramiento o embotellamiento; incluso puede aparecer dolor de cabeza.

Además de estos ámbitos de manifestación expuestos, hay otro, que es muy habitual: una sensación de taponamiento en la garganta, que incluso puede dificultarnos el habla. Es una afectación secundaria que puede proceder tanto de una turbulencia emocional como de una turbulencia mental (esto último es lo más habitual).

Debemos tener en cuenta, finalmente, que los seres humanos no estamos divididos en compartimentos estancos, y que los mundos emocional y mental se afectan mutuamente. Por ejemplo, la perspectiva de hablar delante de un público numeroso puede ir generando, primero, una turbulencia mental (a partir de pensamientos de inseguridad o incapacidad), y a continuación una turbulencia emocional (sensaciones de ansiedad). O puede presentarse la turbulencia emocional en primer lugar, la cual puede desembocar en un lío mental... Es significativo observar que la primera turbulencia que se presenta tiene unos efectos en el cuerpo físico, y que a continuación se genera la otra turbulencia, que tendrá sus propios efectos.

Lo importante en cualquier caso es distinguir si el origen de nuestra perturbación es de tipo emocional o mental, pues ese será el ámbito que deberemos equilibrar o armonizar por medio de tomar las medidas oportunas.

EL YOGA Y LA INHIBICIÓN DE LAS TURBULENCIAS EMOCIONALES Y MENTALES

El *raja yoga* (yoga real) engloba toda una forma de concebir la vida dentro de la cual el *hatha yoga* (el yoga de las posturas con el que estamos tan familiarizados en Occidente) es solo una parte. De hecho, el *raja yoga* incluye una serie de prácticas que son más coherentes con la esencia del yoga que los ejercicios de carácter físico que se suelen practicar.

Para saber qué es en realidad el yoga, nada mejor que acudir a los *Yoga sutras* de Patanjali. En el conjunto de los aforismos que componen esta obra se habla de los distintos tipos de yoga que hay y de distintas prácticas. Según este texto tan antiguo, que ha servido de base para todas las escuelas de yoga de los últimos milenios, el yoga es una auténtica ciencia, porque ofrece algo que uno puede experimentar por sí mismo. No es por tanto un contenido teórico, una elucubración abstracta, sino que puede ser constatado al aplicarlo en la propia vida. Es en el segundo aforismo donde se define concretamente qué es el yoga, y ahí se afirma que esta ciencia nos posibilita la *inhibición de las modificaciones de la mente*. Traducido a un lenguaje más actual, nos posibilita *acabar con las perturbaciones emocionales y mentales*.

El fin de este tipo de perturbaciones está pues en el centro mismo de la definición del yoga, y a partir de ahí podemos intuir que este objetivo debe de tener una importancia enorme. ¿La tiene realmente? Pues sí, porque hasta que no consigamos poner fin a las turbulencias emocionales y mentales no nos podremos ver a nosotros mismos tal como somos, no podremos vivir en consonancia con lo que somos y no podremos ver la realidad.

Hagamos un símil. Imagina que estás en la playa y entras en el mar. Cuando el agua te llega a la altura del pecho, miras hacia abajo. Si el agua está limpia y calmada, verás tus pies y el fondo de arena. Si está turbia y movida, no lograrás verlo. Análogamente, las turbulencias emocionales y mentales son el agua movida que nos impide ver el fondo de las cosas. Todos tenemos la experiencia de vernos literalmente abducidos por las preocupaciones y tensiones que experimentamos en la vida; estas evitan que nos veamos a nosotros mismos y nos impiden ver la realidad. Solo cuando nuestro mundo emocional y nuestro mundo mental se van calmando podemos ver la vida como realmente es, y podemos vivir en coherencia y consonancia con lo que somos.

La inhibición de las turbulencias emocionales y mentales, por medio de una serie de prácticas, es un requisito para que podamos meditar eficazmente y llegar a un estadio de la práctica meditativa anhelado por muchos, logrado por muy pocos: el denominado *samadhi*, que los *Yoga sutras* definen como la *desaparición de la autopresencia de la mente*. No podemos ni soñar con llegar ahí mientas la mente y las emociones campen a sus anchas ajenas a nuestros intentos de controlarlas. De ahí que debamos ser capaces de manejar las turbulencias y ponerles fin. Ello requiere recorrer un camino de desarrollo personal, de práctica en la vida cotidiana, que tiene que ir permitiendo que nuestros aspectos emocionales y mentales se vayan tranquilizando.

Por tanto, la inhibición de las modificaciones de la mente, que es el yoga propiamente dicho y constituye una ciencia, no es un tema baladí; tiene que ver intrínsecamente con nuestro crecimiento como personas, con nuestro desarrollo en consciencia o, expresado de otro modo, con nuestra evolución espiritual. Estamos hablando de algo enormemente profundo, aunque a su vez tenga que ver con algo tan cotidiano como es el mundo de nuestras emociones y el mundo de nuestros pensamientos.

EL PAPEL DE LOS DESEOS

Hablaba en el capítulo anterior de las que podríamos denominar emociones «de perfil inferior», las kamásicas, frente a las emociones que podríamos denominar «de perfil superior», las manásicas. Las primeras tienen mala prensa en el mundillo espiritual, pero es importante tener en cuenta que lo kamásico, que impulsa a sumirse en la materialidad, cumple un papel relevante en el proceso evolutivo. Además, en combinación con el prana, aporta una energía motora necesaria para la vida humana. Ahora bien, el desarrollo espiritual ha de conducir al dominio y la purificación del componente kamásico, hasta que esa energía quede solamente como un poder motor y sea completamente dirigida hacia la voluntad manásica.

Dominar y purificar lo kamásico quiere decir, especialmente, dominar y purificar los deseos. Este es un trabajo fundamental a realizar en relación con el cuerpo emocional.

Hay quien mantiene la idea de que hay que eliminar los deseos y de que la práctica espiritual consiste en vivir sin ellos. Sin embargo, el proceso de desarrollo espiritual es un camino, y en este camino, decir que hay que eliminar los deseos es un disparate. Es verdad que en los textos espirituales serios, como los *Yoga sutras*, se dice que hay un momento en el proceso espiritual en el que desaparecen los deseos. Pero esto corresponde a un momento muy avanzado en el sendero y llega por sí mismo, como fruto del trabajo acumulado. Los deseos se van a ir diluyendo cuando corresponda en el proceso espiritual; de momento, en el punto del camino en que estamos la mayoría, tienen su función.

Los deseos son muy importantes en cuanto movilizadores de la Voluntad, una herramienta muy necesaria en nuestro proceso de crecimiento. También nos ayudan a tener mayor consciencia en relación con la Voluntad. El gran sufí Rumi nos decía que «quien no escapa de la voluntad carece de Voluntad». La voluntad en minúscula es la del coche, la de los componentes físico, mental y emocional; y la Voluntad es la del Conductor, la del Yo Superior. En nuestro camino estamos muy lejos de que la Voluntad sea la que rija en nuestras vidas, porque está por medio la voluntad, y tenemos que reconocerlo. Pero también debemos darnos cuenta de que en esa voluntad, en esos deseos, está presente la Voluntad. Esto es importante. Si no hubiese Voluntad en los deseos, no evolucionaríamos espiritualmente.

En cuanto a los deseos de baja gama, se trata de irlos podando en la medida de lo posible para que vayan teniendo menos peso en nuestra vida, hasta que dejen de estar presentes. Por otra parte, existen los deseos sutiles, o de alta gama, o de alta frecuencia (la compasión, el altruismo, la generosidad, la cooperación, la solidaridad, el anhelo de desarrollo espiritual, etc.). Estos últimos juegan un papel muy importante en nuestra vida y lo que debemos hacer es potenciarlos; al hacerlo, estamos fortaleciendo la Voluntad.

CÓMO POTENCIAR LOS DESEOS DE ALTA GAMA

En uno de los capítulos de su obra *La vida interna*, C. W. Leadbeater brinda un esquema magistral sobre cómo potenciar los deseos de alta gama. Nos dice que este proceso consta de dos fases, que son las siguientes. En primer lugar, nos aconseja que dejemos de llamar *deseos* a los que son de alta gama y que, en lugar de ello, los llamemos *aspiraciones*. En segundo lugar, nos indica que los hagamos realidad por medio de aplicar la *Voluntad*.

¿Por qué nos recomienda Leadbeater que llamemos aspiraciones a los deseos de alta vibración? Porque, como bien explica, por su cualidad vibratoria están en sintonía con nuestra dimensión álmica. Son como plasmaciones, puntos de conexión, entre el ámbito emocional del cuaternario inferior y la tríada superior que constituye nuestra dimensión inmortal. Al llamarlos aspiraciones estamos poniendo de manifiesto que estamos en contacto con nuestro Yo Superior, con lo que realmente somos pero que aún nos puede parecer que está lejano. *Aspiración* evoca algo que no solo es deseado sino que, además, es legítimo y conveniente desear. Por ello, este mero cambio de nombre es muy útil para impulsar el proceso espiritual.

Esta cuestión es especialmente relevante si tenemos en cuenta que, a lo largo de la cadena de encarnaciones, el alma se desarrolla en autoconsciencia a partir de las experiencias de alta vibración. Por eso conviene fomentarlas. Son todas aquellas que tienen que ver con el amor, el cariño, la solidaridad, la bondad, el altruismo, etc. En cambio, las experiencias de tipo egoico contribuyen muy poco o nada a nutrir al alma. En este punto, no hay unanimidad entre los autores; los hay que afirman que el alma, dada su alta frecuencia vibratoria, no computa en absoluto las experiencias de baja vibración, y los hay que afirman que sí las computa, pero en un grado mucho menor que las experiencias de alta gama —en una proporción de 1 a 100, afirma Leadbeater por ejemplo—.

Como segunda fase del proceso, Leadbeater nos dice que las aspiraciones no deben permanecer como tales, sino que debemos procurar convertirlas en realidades, a través del ejercicio de nuestra Voluntad. ¿Tienes el deseo de desarrollarte espiritualmente? Entonces, ¡hazlo! ¿A qué deberías esperar?

Por ejemplo, al hablar del cuerpo físico mencioné que una razón muy importante por la que optar por el vegetarianismo es el ejercicio de la compasión. Hay algo en mi interior que me indica que efectivamente quiero vivir con compasión, en armonía con todos los seres vivos. Si esta es mi aspiración, me corresponde plasmarla. Tenemos que poner la leña en el fuego para que las aspiraciones se conviertan en realidades en nuestra vida. Y esto conlleva Voluntad, en mayúscula, porque la que debemos poner en juego en este caso es la que está conectada con nuestro Yo Superior.

No dejes que esta encarnación pase de largo. Aprovéchala, utilízala. Vive y acumula experiencias de alta gama. Atrévete a actuar y vivir según lo que te indica tu esencia espiritual más profunda.

LA PODA DE LOS DESEOS DE BAJA GAMA (1): IR HASTA LA RAÍZ DE NUESTRAS «SOMBRAS» Y EMOCIONES

¿Por qué conviene podar los deseos de baja vibración? En primer lugar, porque nos originan mucho sufrimiento, y en segundo lugar, porque dificultan nuestro proceso evolutivo, nuestro viaje por el sendero espiritual.

Hay muchos deseos de baja gama que están vinculados a lo que en psicología se conoce como nuestras *sombras*, es decir, a comportamientos y emociones propios que nos desagradan o que reconocemos que son de frecuencia baja. A menudo, no reconocemos ni queremos reconocer que tenemos determinadas sombras; en estos casos, solemos proyectarlas en los demás en forma de crítica, rechazo o menosprecio.

Nuestras sombras tienen como raíz determinados aspectos emocionales de los que no somos debidamente conscientes. Tal vez intuimos algo al respecto, pero preferimos correr un tupido velo, eludir la cuestión. Sin embargo, si rechazamos una parte de nuestro mundo emocional, este boicoteará nuestras decisiones mentales de tipo noble y no efectuaremos progresos notables en el camino espiritual. Los deseos y comportamientos vinculados con esas emociones seguirán presentándose y nos preguntaremos por qué somos incapaces de dominar nuestra naturaleza inferior, kamásica.

Para que este asunto no permanezca como la piedra con la que siempre tropezamos, es necesario que buceemos en nosotros mismos con el fin de llegar a conocer bien nuestro mundo emocional. Bucear quiere decir no solo tirarse a la piscina, sino sumergirse en ella, como hacemos cuando tenemos intención de agarrar algo que reposa en el fondo. Debemos profundizar en nosotros mismos para ver qué emociones están ocultas como las raíces de nuestros deseos y comportamientos de baja gama; a continuación se trata de sentirlas y abrazarlas con amor —lo cual no hay que confundir con actuar a su dictado—. El caso es que en el momento en que aceptamos una emoción temida y rechazada revela la luz que habita en su interior, y la sombra empieza a difuminarse.

A la gente no suele gustarle bucear en busca de las raíces de sus sombras, porque es una actividad que consideran desagradable; sin embargo, es imprescindible hacerlo si se pretende estar en un camino espiritual. Y no hace falta ponerse tan transcendente: el desconocimiento que tenemos de nuestro mundo emocional nos afecta en lo más cotidiano; se revela por ejemplo en la justificación que damos a nuestros comportamientos y en la explicación que encontramos para los comportamientos de los demás. Sin el debido autoconocimiento, estas interpretaciones están distorsionadas y son fuente de conflictos.

Contaré una anécdota para ilustrar este punto. Tengo una amiga que se encontraba haciendo cola para pagar en un supermercado. Estando ahí, un señor se puso detrás de ella. De pronto, el señor cayó en la cuenta de que había olvidado algo, y le pidió a mi amiga, muy educadamente, que le guardase la vez. El hombre se adentró en el establecimiento y en ese lapso llegó una chica, que se colocó detrás de mi amiga. Mi amiga, pendiente de la caja, se olvidó de la petición del señor. Cuando este volvió, intentó meterse en medio de mi amiga y la chica, y esta le llamó la atención. El hombre le explicó a la chica que había pedido la vez. Mi amiga se volvió, intervino y refrendó lo que acababa de decir el señor. La chica replicó que no estaba de acuerdo, porque si todo el mundo hiciese lo mismo las colas de los mercados serían interminables. A partir de ahí se desencadenó una trifulca, en medio de la cual el señor sencillamente se fue, de manera que fueron únicamente las dos mujeres las que quedaron enzarzadas en una gran bronca. Esta situación afectó mucho a mi amiga; fue una experiencia emocional muy intensa para ella. Cuando me la contó, tenía claro que su mundo emocional se había movilizado para hacer «que imperase la justicia». Pero no me convenció y le pedí que buceara un poco. Al cabo de un rato, reconoció que en el momento en que se giró y vio a la chica tuvo claro que era una «pija» y quiso ponerla en su lugar. Vio claro su autoengaño; reconoció cuál había sido la auténtica motivación emocional de su comportamiento.

Práctica

EJERCICIO DE IMPASIBILIDAD

Para este ejercicio necesitarás a otra persona que, como tú, esté implicada en el crecimiento personal.

Sentaos frente a frente y decidid quién va a empezar a «actuar». En caso de que seas tú, debes hacer todo lo posible por hacer reír a la otra persona, o arrancarle una leve sonrisa por lo menos. La otra persona debe prestarte toda su atención (no vale que se evada) y debe controlar todas sus reacciones emocionales para que no se reflejen en su cara. Cambiad de turno si la otra persona cede en su impasibilidad o bien transcurridos cinco minutos.

Práctica

EVITA EL ABSURDO RESONAR

Se puede denominar *absurdo resonar* al hecho de encontrar justificadas nuestras reacciones egoicas a partir de las que tienen los demás. Esto ocurre a menudo con el enfado: otra persona está enfadada y nosotros pasamos a enfadarnos con esa persona. Si te fijas bien, esto es absurdo: si el otro está mal, ¿por qué tengo que pasar a estar mal yo? Míralo de esta manera: en el momento en que se enfada, esa persona es víctima de una patología; podemos decir que contrae un *infarto de enfado*. Si esa persona te insulta pongamos por caso, esto es un síntoma de su enfermedad; no tiene que ver contigo.

- Entonces, toma consciencia de las situaciones en las que, por ejemplo, te enfadas con los enfadados. A partir de esta consciencia, haz que tus enfados vayan durando cada vez menos.
- Identifica también otros tipos de «infarto» en los demás en el momento en que acontecen: infartos de celos, de envidia, de victimismo, etc. Di para tus adentros: «Está teniendo un infarto de ....», y permite que esta consciencia vaya nutriendo tu desidentificación.
- Ve detectando también tus propios infartos, y proponte curarlo antes posible: «He agarrado un infarto de enfado. Me conviene respirar y tranquilizarme para reponerme». O «he agarrado un infarto de envidia. El antídoto es ver los méritos de esa persona y alegrarme por ella».
- Ve elaborando una lista de los mejores remedios para los distintos infartos. Experimenta para encontrar los pensamientos y actitudes que más te ayuden a «recuperarte». Cuando encuentres un pensamiento o actitud que te resulte eficaz, apúntalo. El hecho de apuntarlo puede serte útil para disponer de ello como herramienta en otro momento en que, en el calor del momento, no encuentres la inspiración para salir de ese estado emocional. Cuando encuentres un pensamiento o una actitud superior, sustituye los de menor calidad que se te habían ocurrido hasta el momento.

LA PODA DE LOS DESEOS DE BAJA GAMA (2): ACTITUDES Y COMPORTAMIENTOS

Todas las corrientes espirituales nos aconsejan una serie de prácticas cuyo fin es podar los deseos de baja vibración. Muchas personas consideran que se trata de prácticas religiosas que tienen por objeto «que seamos buenos», pero esta visión apenas araña la superficie. En realidad, se trata de prácticas espirituales muy profundas que, entre otras cosas, tienen un enorme impacto sobre nuestro mundo emocional. Sirven para que nos vayamos desprendiendo de los deseos de baja gama y, paralelamente, nuestro mundo emocional se vaya tranquilizando, armonizando, equilibrando. De paso, sí, nos vamos convirtiendo en «mejores personas».

Empezaré por referirme a los diez mandamientos, que constituyen el código ético básico de la religión judía y cristiana. Las instrucciones de *no robar*, *no matar*, *no cometer adulterio*, etc., constituyen normas de conducta, que aplicadas a la vida cotidiana tienen un gran papel a la hora de fomentar el equilibrio emocional. Ahora bien, estas pautas son poco sofisticadas; son demasiado contundentes, debido tal vez a las circunstancias históricas que vivió el pueblo judío, o al estilo de expresión propio de la época. Si no cumples los mandamientos, incurres en pecado, y entonces eres condenado... Estas posturas no se corresponden con la realidad evolutiva y además fomentan el miedo entre la gente.

Hay corrientes espirituales que tienen mucho más elaborado el aspecto de las normas de comportamiento, de las prácticas de vida. En particular, dentro del budismo están los *paramitas* (normas de conducta) y el hinduismo describe el *yama-niyama*. Podría detenerme en cualquiera de las dos propuestas; voy a hacerlo en el *yama-niyama*, que seguramente es de lo más completo que se puede encontrar en el ámbito de los comportamientos. Si profundizamos en ello en consciencia, podemos obtener grandes beneficios en nuestra vida.

Yama es una palabra sánscrita que hace referencia a comportamientos y actitudes que debemos ir reduciendo y eliminando en el contexto del compromiso espiritual que tenemos con nosotros mismos; y *niyama* designa los comportamientos y actitudes que hay que introducir o potenciar.

Pongamos algunos ejemplos. El daño a otros seres vivos es un comportamiento *yama* que conviene evitar y sustituir por su contrario, el no daño. La práctica del no daño ayuda enormemente a equilibrar el cuerpo emocional, y este comportamiento incluye alimentarse de una forma que implique provocar el menor daño posible. En el capítulo dedicado al cuerpo físico hacía referencia a los motivos por los que es recomendable llevar una dieta vegetariana; entre ellos, no hay ninguno que tenga mayor calado espiritual que el anhelo de ser compasivo, de evitar infligir daño a seres vivos que tienen un sistema nervioso y un mundo emocional plenamente desarrollados. Si queremos avanzar espiritualmente, no podemos alimentarnos a partir de ocasionar dolor a los animales. Quienes son plenamente conscientes de esta realidad nos dicen cosas como la que dijo Leonardo da Vinci: que llegará un momento en la evolución del ser humano en que asesinar a un animal será considerado lo mismo que asesinar a un ser humano. Gandhi, por su parte, afirmó que el nivel de evolución de un territorio se mide por el trato que dispensa a los animales. Platón fue más allá, y nos dijo que el nivel de evolución de las almas se pone de manifiesto por la forma en que, cada uno, tratamos a los animales.

La codicia es otro comportamiento *yama*, que conviene ir podando. La instrucción de evitar la codicia tiene algo que ver con el mandamiento del no robar, pero es de un calado mucho mayor, porque contiene varios niveles de sutilidad: hay personas que no roban para que no las metan en la cárcel; sin embargo, la codicia está presente en ellas. Además, la codicia no atañe solamente a cuestiones materiales, sino también inmateriales. Por ejemplo, la envidia es un sentimiento que hay que incluir dentro de la codicia. Se puede envidiar a una persona por lo que posee en el ámbito material, pero también por razones inmateriales: por su forma de ser, por su carácter, etc.

Otro comportamiento *yama* del que conviene prescindir es la mentira. Es evidente que cuando mentimos nos desestabilizamos, nos desarmonizamos; en contraste, el hecho de no acudir a la mentira va calmando nuestro mundo emocional. Sin embargo, la mentira se ha instalado en nuestra vida; tanto es así que pensamos que si no practicamos la mentira casi no podríamos vivir. Hay una película inglesa que presenta una sociedad en la que todos dicen lo que piensan y todo el mundo es muy desdichado... Pero la creencia de que la mentira es básica para el sostenimiento de la sociedad parte de un malentendido: equiparar la veracidad con decir lo primero que nos viene a la cabeza. Esto no es veracidad; es inconsciencia. La práctica de la veracidad, aconsejada por las tradiciones espirituales, es otra cosa. La veracidad debe contener un elemento fundamental, la compasión. A partir de aquí, la veracidad a veces implica guardar silencio, por ejemplo. Pero nunca debe implicar mentir; ni siquiera admite el uso de las denominadas *mentiras piadosas*. Si alguien te pregunta «¿Qué tal, cómo me ves?», y ves que está fatal, no le respondas por favor: «Te veo muy bien». Tampoco hace falta que le digas: «Tienes un aspecto horrible». Una alternativa podría ser: «¿Por qué me lo preguntas? ¿Te pasa algo?». Por lo tanto, erradica la mentira de tu vida, incluso en lo relativo a las situaciones más nimias. Porque esas pequeñas mentiras de todos los días nos acostumbran a mentir, y finalmente mentimos con una facilidad asombrosa. La mentira nos enreda: creo que nos ha pasado a todos que hemos mentido sobre algo y después nos encontramos en una conversación al día siguiente, o seis meses después, en la que aparece el tema y ya ni sabemos qué mentira dijimos y qué tenemos que decir ahora para que no se descubra que fue mentira aquello que dijimos. Vivir así no es normal, y nos desarmoniza desde el punto de vista emocional. Frente a ello, tenemos que practicar la consciencia de no decir lo primero que se nos ocurre y tener en cuenta, como posibles respuestas, el silencio o la elegancia compasiva.

También debemos practicar el arte de decir no. Nos cuesta mucho trabajo decir no, pero muchas veces es lo apropiado, y debemos ser capaces de hacerlo, siempre de una forma amable. En Andalucía sintetizamos esta cuestión con un chiste que pone de manifiesto qué fácil es decir no cuando se tiene un poquito de agudeza mental. Hay un chico que le pregunta a una chica: «¡Oye!, ¿salimos juntos?», y la chica le responde: «Sal tú primero». Es una respuesta ingeniosa que no tiene nada que ver con las típicas excusas, que debemos evitar («no [voy a salir contigo] porque he quedado con otro», «no, porque me voy al cine»...). Hay muchas formas de practicar la veracidad.

A partir de todo lo dicho, invito a reflexionar sobre el hecho de que los consejos espirituales (*yamas-niyamas*, *paramitas*, mandamientos, etc.) tienen un trasfondo que es una práctica de vida que nos calma, nos sosiega y nos tranquiliza desde el punto de vista emocional.

La práctica «Evita el absurdo resonar», descrita anteriormente, puede ayudarte a ir podando las actitudes y comportamientos de baja gama e irlos sustituyendo por sus contrapartes de alta gama.

Si apartas de tu vida la codicia, el hacer daño a otros seres vivos, la mentira y otros comportamientos y actitudes *yama* y, en su lugar, incorporas sus contrarios, el efecto será inmediato. Tu mundo emocional empezará a cambiar, a ser más tranquilo y armónico. No deberás esperar a recibir la recompensa en «la otra vida», sino que la obtendrás en esta, enseguida. ¿No constituye esta perspectiva una mejor motivación que la de «ser buenos» para evitar que nos manden al infierno?

Por otra parte, una práctica *niyama* destacable es la de acostumbrarse a vivir en el contento independientemente de los acontecimientos externos. Una cosa es la dinámica que tiene lugar entre el bienestar y el malestar, en función de lo que nos ocurre en la vida, y otra cosa es permanecer felices de cualquier modo. Vivir en el contento quiere decir ser feliz sin una causa externa. La felicidad incausada procede de dentro, de conectar con lo que somos, del conocimiento de uno mismo, de alcanzar la paz interior. Es recomendable practicar el contento como *niyama*, si bien en última instancia es un regalo que nos hace esa parte de la tríada superior que es el alma universal o Buddhi cuando el Yo Superior empieza a tener presencia en nuestra vida. El contento, llamado también *bienaventuranza* o *gracia*, no llega por casualidad, sino que es uno de los frutos del proceso de desarrollo espiritual.

NARIZ VERTICAL, MIRADA HORIZONTAL

Dogen, destacado maestro zen que vivió en Japón en el siglo XIII, nos dejó una instrucción muy útil para la reducción y eliminación de las turbulencias emocionales: nos dijo que viviésemos en todo momento con la nariz vertical y la mirada horizontal.

Cuenta la historia que, siendo el abad de un monasterio y con fama de hombre santo, un gobernador lo hizo llamar para que pusiese fin a su angustia existencial. El gobernador tenía unos sueños que le revelaban que, aun siendo un hombre que tenía todo lo que se podía desear en el ámbito material (riquezas, éxito, poder, etc.), no tenía sin embargo una vida plena; experimentaba más bien que era un sinsentido. El gobernador le expuso su caso a Dogen y le preguntó cómo debía vivir la vida para experimentar felicidad y plenitud. Dogen le respondió que la clave de todo el asunto consistía en «vivir la vida con la nariz vertical y la mirada horizontal». El gobernador consideró que era una respuesta enigmática y le pidió más claridad, pero no obtuvo más de Dogen en todas las semanas que lo tuvo como invitado en el palacio. Finalmente, considerando que el maestro le estaba tomando el pelo, le dio un ultimátum: o le decía toda la verdad o haría que le cortasen la cabeza al amanecer del día siguiente. Dogen insistió en que no tenía nada más que decirle, y se preparó la ejecución. Justo en el momento en que el verdugo tenía la catana en alto dispuesto a proceder, el gobernador obtuvo la comprensión. Detuvo la ejecución, se apresuró a besar los pies de Dogen y le permitió regresar a su monasterio.

Se dice que Dogen nunca fue más explícito en relación con la enseñanza de la nariz vertical y la enseñanza horizontal, pero ha habido otros sabios y sabias que sí han aportado datos al respecto. Bebo de ellos para hablar, en primer lugar, de la nariz vertical.

El punto de arranque del sendero espiritual es como tú eres ahora; no podría ser otro. A partir de ahí, en cada paso que des, aplica la nariz vertical, lo cual hay que entender de esta manera: *estate atento a ti mismo*. La atención a uno mismo ha recibido muchos nombres: *presencia, autoobservación, estar en el aquí-ahora, mindfulness*, etc. Es necesario decir aquí que esta actitud no nos ha sido transmitida por los maestros y maestras de todas las épocas para que nos tomemos un descanso de los agobios diarios con el fin de recargar las pilas para seguir con la misma dinámica ajetreada. Nos ha sido transmitida para que empecemos una vida distinta. Esto lo expresó de forma tan cruda como contundente Ouspenski en *Fragmentos de una enseñanza desconocida*: manifestó en esta obra que habría que matar a aquellos que se limitan a ajustar un poco los tornillos de la persona abrumada por su vida cotidiana con la finalidad de que pueda volver a su abrumadora vida cotidiana. Esta «propuesta» es una exageración, por supuesto, un recurso expresivo, pero apunta a la realidad fundamental de que las prácticas del ámbito de la espiritualidad están concebidas para un objetivo transcendente hacia el que avanzar siguiendo un camino; de ningún modo pueden ser transformadoras si las utilizamos a modo de «refrigerio» en el contexto de la misma vida que llevamos de inmersión en los asuntos materiales.

Se profundizará en el aquí-ahora, desde puntos de vista complementarios al estar atento a uno mismo, en el capítulo 10.

La nariz vertical, o estar atento a uno mismo, es fundamental no solo para mantenerse en el sendero, sino también para arrancar: si, como he dicho, el punto de partida eres tú mismo tal como eres ahora, jamás sabrás dónde estás ahora si no te autoobservas. Esta observación debe tener lugar en todos los niveles: el físico (¿cómo está de salud tu cuerpo?, ¿te obedece o te vencen sus inercias?), el etérico (¿cómo estás de vitalidad y de ganas de vivir?), el emocional (¿está tranquilo o perturbado tu mundo emocional?, ¿de qué tipo son las turbulencias que puede estar experimentando?) y el mental (¿corren a rienda suelta tus pensamientos o tienes cierto control sobre tu mente?, ¿puedes permanecer atento a algo o concentrado en un asunto si te lo propones?). Observa también tus comportamientos: ¿hasta qué punto están contaminados vibratoriamente por lo egoico o lo egocéntrico?, ¿hasta qué punto son generosos, altruistas, empáticos, compasivos, etc.?

Hay gente que se asusta ante la perspectiva de esta autoobservación inicial, pero no es una tarea hercúlea precisamente; basta con que te sientes un rato contigo mismo y efectúes la revisión mencionada.

El siguiente paso, dentro de la nariz vertical, es intentar mantener la presencia o autoobservación en la medida de lo posible, sin agobios, en la vida cotidiana. Así es como empiezas a caminar. En esta andadura, ten muy en cuenta lo siguiente: debes avanzar *sin prisa pero sin pausa*. Las prisas y la impaciencia por ver resultados te impedirían avanzar. Eso sí, no te detengas: *sin pausa* quiere decir que la sed interna que tienes de transformarte debe estar presente en tu vida todos los días; no sirve de nada limitarse a asistir a una charla, ver un vídeo o leer un libro de vez en cuando. Puede parecer muy complicado sostener la intención y la acción consecuente, pero no lo es, porque una acción repetida se convierte en un hábito, y en ese momento queda incorporada naturalmente en la propia vida.

Otro factor dentro de la nariz vertical es avanzar sin cargas y sin culpas. He hablado de la importancia que tiene que te autoobserves y sostengas esa autoobservación. Ahora bien, tenemos que reconocer que, cuando nos observamos y vemos «defectos» en nosotros, somos muy dados a culpabilizarnos, flagelarnos e incluso frustrarnos y deprimirnos; llegamos a pensar que nunca vamos a poder cambiar. Los maestros nos dicen que nos riamos de cualquier percepción de carga o culpa y la desestimemos. De otro modo, no vamos a avanzar. En lugar de hacer caso a las cargas y las culpas, sé muy honesto en tu autoobservación y acepta plenamente lo que estés viendo. La *autoaceptación* es fundamental para que te des cuenta de dónde te hallas y poder avanzar.

Otro componente esencial, ligado a los anteriores, es *evitar el autoengaño*. Autoengañarse significa creer que somos como nos gustaría ser en lugar de darnos cuenta de cómo somos realmente. Es estupendo querer ser de otra manera; es un incentivo para recorrer el sendero. Ahora bien, si crees que te encuentras en el kilómetro 400 y estás en realidad en el kilómetro 4, difícilmente vas a recorrer los kilómetros 5, 6 y subsiguientes. En el momento en que te des cuenta de que te has estado autoengañando (si es el caso), asúmelo sin cargas y sin culpas, y procura no autoengañarte más a partir de ese momento.

Hay una imagen muy gráfica en relación con el tema del autoengaño. Nos la ofrece *El retrato de Dorian Gray*, la única novela de Oscar Wilde, que ha sido llevada al cine. En ella, el joven Dorian Gray conserva su belleza y juventud a cambio de que el retrato que le hizo el pintor Basil reciba las consecuencias del paso del tiempo y del estilo de vida libertino en el que se sume cada vez más. El retrato va acumulando imperfecciones y deformidades y, ante ello, Dorian opta por esconderlo a ojos de la gente. La metáfora es clara: Dorian Gray no quiere verse a sí mismo, se esconde de sí mismo, se autoengaña, no quiere ver su comportamiento, su conducta, cómo es realmente. Pero la situación llega a un límite en que Dorian no puede seguir negando la verdad..., y no digo más para no arruinarte el final. La mayoría de nosotros no entraremos en la dinámica de depravación en la que entró Dorian, pero el símil es válido para que nos acordemos de no escondernos de nosotros mismos, para que permanezcamos en la autoobservación sin autoengañarnos.

Aún dentro de la nariz vertical, debes tener muy presente que solo con *darte cuenta* de cómo eres has puesto en marcha tu transformación. Este hecho es mágico, maravilloso. Si quieres hacer algo para cambiar, va a ser contraproducente, así que limítate a darte cuenta, a tomar consciencia: date cuenta de que te has vuelto a enfadar, date cuenta de que has vuelto a hacer una trastada a alguien, date cuenta de que han aparecido una vez más en tu vida la avaricia, la codicia, el mal genio, la ira, la cólera, etc. Date cuenta de ello, acéptalo y la transformación tendrá lugar por sí misma. Esta afirmación va a parecerle muy rara a tu mente concreta, pero no tienes por qué creerme: compruébalo, como yo mismo y muchas otras personas hemos comprobado.

Que la transformación va a tener lugar por sí misma significa que esas cosas que estás detectando en ti no van a desaparecer de la noche a la mañana, pero podrás comprobar que cada vez aparecerán menos, y cuando aparezcan, cada vez durarán menos.

Práctica

DATE CUENTA DE TU ENFADO

Creo que a ninguno nos gusta enfadarnos, porque lo pasamos mal cuando lo hacemos. De hecho, cuando te enfadas te quedas ahí, enganchado al enfado, y en esa situación poco puedes transformarte, poco puedes avanzar.

Pues bien, cuando te enfades, date cuenta. No digas «no me voy a volver a enfadar», porque esto es una utopía. Limítate a darte cuenta. Cuando te vuelvas a enfadar, piensa por ejemplo: «¡Otra vez me he enfadado!; me pasó hace cuatro días y me ha vuelto a pasar. Hace cuatro días fue por X y ahora ha sido por Y». Si no recuerdas por qué te enfadaste la vez anterior, no pasa nada; lo importante es que sabes que antes te enfadaste y que te ha vuelto a suceder. Te has dado cuenta. ¿Qué ocurrirá?, que pasarán unos días o unas horas y te volverás a enfadar. Vuelve a darte cuenta de ello.

Podrás comprobar por ti mismo lo siguiente: con el darte cuenta y no flagelarte ni culpabilizarte, sino aceptando lo que está ocurriendo, el enfado tardará cada vez más en volver a producirse, y durará cada vez menos cuando se produzca.

Esta práctica que he descrito con relación al enfado, hazla extensiva a todos aquellos comportamientos que llenen de turbulencias tu espacio emocional y mental en el transcurso de tu vida diaria.

Toca abordar ahora, brevemente, el segundo componente de la enseñanza de Dogen: la mirada horizontal. Esta instrucción hace referencia a que *tengamos claro adónde vamos*, para que todos los pasos que demos vayan en un mismo sentido. Si das ahora un pasito adelante, después otro a la izquierda, después otro a la derecha, y finalmente otro atrás, no vas a avanzar. Con la mirada horizontal vemos el horizonte hacia el que queremos encaminarnos: el final del sendero. Es posible que parezca muy lejano, pero no te preocupes por esto. Ve al ritmo que puedas, y si no llegas en esta encarnación, llegarás en otra. Eso sí, avanza siempre en la misma dirección.

El destino, el horizonte apetecido, es llegar a vivir según lo que realmente somos, es decir, en coherencia con nuestra esencia divina, con nuestro Yo Superior. Lo que somos es amor, y, por tanto, al final del sendero no manifestamos otra cosa que amor, en forma de sabiduría-compasión, en cada conducta, cada comportamiento, cada pensamiento, cada emoción y hasta en lo más profundo de nuestros sueños. Este es el horizonte, esta es la verdadera transformación.

Para que tu horizonte sea más concreto, puedes hacer una lista que incluya las pautas de vida que quieres ver potenciadas en ti. Proponte, por ejemplo, ser más tolerante, más comprensivo, más empático, más altruista, más generoso, más compasivo, más solidario, etc. Esto es mucho más fundamental que considerarse alguien «espiritual», sin más. Hay que dotar de contenido a esta etiqueta para que tenga algún sentido. Hay personas que se declaran ateas, que por las razones que sean no computan el lenguaje «espiritual», pero que están plenamente al servicio de los demás y mantienen una ética irreprochable. Estas personas están caminando hacia una forma de vida que pone de manifiesto las cualidades de lo que somos y, por tanto, están en el sendero de la autotransformación.

Otra posibilidad para mantener la mirada horizontal es tener como referencia un personaje de alto calado espiritual, en lugar de unas pautas específicas. Quién sea este personaje va a depender mucho de la corriente espiritual con la que te sientas más afín: puede ser Cristo Jesús, Siddharta Gautama (Buda), Krishna, santa Teresa de Jesús, etc. Lo importante es que sea alguien que te recuerde el final del sendero cada vez que piensas en él o ella.

LOS PODERES QUE LLEGAN

En el ámbito hinduista se dice que todos tenemos *siddhis*, 'poderes'. Se trata de capacidades como la telequinesia, la telepatía, la percepción de vidas pasadas, etc. Todos las tenemos en potencia, como ese metal que lo contiene todo pero que solo se manifiesta como el Sol cuando la temperatura es lo bastante elevada. Análogamente, los distintos *siddhis* se van revelando a medida que la persona va avanzando espiritualmente; más concretamente, a medida que va realizando prácticas de *yama* y *niyama* y, con ello, va podando los deseos de baja gama y estimulando la presencia de las cualidades pertenecientes al Yo Superior.

Esto significa, como ya se apuntó en el capítulo anterior, que no sirve para nada buscar atajos con el fin de adquirir antes este tipo de poderes; quien emprende este camino, solo se está buscando problemas. Hay que proceder con calma, trabajando ordenadamente en relación con los distintos cuerpos de la constitución septenaria, tal como se viene exponiendo.

En los sutras de Patanjali se asocian determinados *siddhis* con determinadas cualidades y comportamientos, y se afirma por ejemplo que la capacidad de recordar vidas pasadas acude cuando se abandona la codicia. Quien no trabaja para podar su codicia pero se empeña en conocer sus vidas pasadas por medio de prácticas de regresión es poco lo que va a conseguir; como mucho, va a acceder a alguna experiencia que le aporte alguna información relevante en ese momento de su vida.

ANTE LAS TEMPESTADES EMOCIONALES

Hay momentos en los que vivimos una enorme turbulencia emocional que nos deja destrozados; en estos casos, todo lo que se ha expuesto hasta aquí nos suena a chino. La turbulencia puede deberse a una enfermedad grave, al fallecimiento de un ser querido, a un problema económico de gran magnitud, a una ruptura de pareja traumática, etc. Puestos a buscar un terremoto tremebundo, un huracán de magnitud altísima, se puede poner el ejemplo de la madre que pierde a un hijo a edad temprana.

Colaboro con asociaciones de padres y madres cuyos hijos han fallecido, en muchos puntos de España; hacen una labor extraordinaria. Y me he encontrado con que cuando esto acontece la madre se queda fuera de juego. El mundo se le viene abajo y en muchos casos la vida deja de tener sentido para ella, hasta el punto de que aun teniendo otros hijos, se olvida de ellos por completo. Me he encontrado con chicos y chicas, hermanos del fallecido, que me dicen: «Mi madre y mi padre han perdido a un hijo; nosotros hemos perdido a nuestro hermano y a nuestros padres».

No deja de ser contradictorio que los padres dejen de valorar a los hijos que permanecen vivos por el hecho de que uno de ellos ya no esté presente, pero la realidad es que hay experiencias que pueden tener este impacto. En el ámbito del cuerpo emocional, cuando se vive una tempestad, lo único que se puede hacer es intentar gestionarla para que su intensidad disminuya. Con este fin, en muchas ocasiones hay que pedir apoyo externo. Conviene acudir a un terapeuta, o a un psicólogo, o a personas que han vivido la experiencia y pueden ayudar a que se vayan viendo y entendiendo una serie de cosas.

Supongamos que, con el paso del tiempo, gracias al proceso de duelo y al apoyo externo la tempestad ha aminorado y se ha convertido en una gran borrasca. La persona ya no se encuentra en una situación tan tremenda; sigue viviendo una experiencia muy dura, pero ya percibe un atisbo de luz. Ya se puede mantener una conversación con esa persona, que está abierta a más posibilidades. En este punto nos encontramos ante un dilema, que he compartido con psicólogos: cuando la tempestad se ha transformado en borrasca, ¿cómo conviene proceder? ¿Hay que seguir actuando sobre la borrasca con el fin de diluirla, o es mejor hacer una cosa distinta? La mayoría aconsejan lo primero, pero mi experiencia personal y la que ha compartido conmigo mucha gente es que cuando la tempestad se ha transformado en borrasca, seguirá estando ahí por mucho que la manoseemos. Habrá momentos en los que parecerá, tal vez, que se desvanece, pero volverá a manifestarse.

Y es que, como dijo Albert Einstein, «ningún problema puede ser resuelto en el mismo nivel de consciencia en el que fue creado». Si aplicamos esta máxima a la borrasca, habría que hacer algo para aumentar el grado de comprensión, en lugar de seguir dando vueltas al problema bajo las mismas premisas. Ello implica guardar la borrasca en un cajón, metafóricamente hablando (es decir, aceptar que está en la propia vida y vivir con eso) y acudir a un plano diferente en el que puedan adquirirse el discernimiento y los instrumentos necesarios que permitan lidiar con el problema. Se trata de aceptar la borrasca y utilizarla como factor de impulso para que la persona se pregunte cosas que antes no se preguntaba, se plantee temas que antes no se planteaba, lea libros que antes no leía, vea vídeos y películas que antes no veía, se acerque a personas a las que antes no se acercaba, etc. Una vez que cuente con las herramientas pertinentes podrá regresar al plano emocional, abrir el cajón y acabar con la borrasca. Ese otro plano al que hay que ir es el mental.

Retomaré el tema de la borrasca cuando haya hablado de los instrumentos oportunos que se pueden adquirir en el plano mental. Es preciso señalar que esta forma de proceder (mantener la perturbación emocional en suspenso mientras se adquieren los recursos mentales apropiados) no sirve solamente para las borrascas que derivan de grandes tempestades, sino que también es adecuada para las perturbaciones que surgieron directamente como borrascas.

Para finalizar, debo señalar que el hecho de acudir al plano mental no quita valor, en absoluto, a lo que nos dicen los psicólogos acerca de la conveniencia de bucear en el ámbito emocional para conocer lo que hay en él, incluidas las propias sombras, a las cuales me he referido en un apartado anterior.

Capítulo 9

EL CUERPO MENTAL Y LA MENTE CONCRETA

PRESENTACIÓN

Los vehículos que se han examinado en los capítulos anteriores son característicos tanto del ser humano como de los animales, al mismo nivel. El que vamos a examinar ahora, el cuerpo mental, está mucho más desarrollado en el ser humano que en los animales. En nuestro caso, está asociado con la facultad de razonar, la cual a su vez viene dada por el principio mental o *manas*, palabra sánscrita que significa, literalmente, 'capacidad de pensar'. Y de *manas* deriva *humano* en castellano, *man* en inglés o *mann* en alemán. Muchas tradiciones espirituales consideran que el principio mental es una especie de rayo o proyección de la Mente eterna e infinita (*mahat*, en sánscrito), que en los distintos planos y dimensiones hace de interfaz entre la consciencia (*purusha*) y la materia (*prakriti*).

En el campo de la psicología se indica que el mundo mental consta de distintos niveles. Y en el ámbito de la teosofía se afirma que el plano mental, como cada uno de los otros seis del universo, tiene siete subdivisiones de materia o frecuencia, que se manifiestan de dos maneras dentro de la constitución septenaria del ser humano: las cuatro subdivisiones más densas constituyen el cuerpo mental o *manas* inferior; y las tres subdivisiones más sutiles constituyen el cuerpo causal o *manas* superior.

El cuerpo mental pertenece por lo tanto al «coche», al cuaternario inferior. Compenetra el cuerpo físico, el etérico y el emocional y se extiende más allá de estos. Constituye nuestro medio de interacción mental con el mundo; es el vehículo del que disponemos para pensar acerca de las experiencias. El cuerpo mental está asociado con la mente concreta, mientras que el causal acoge la mente abstracta.

En el ámbito del cuerpo mental, es decir en el de la mente concreta, pensar es un modo de ordenar las percepciones a partir de las apariencias e interpretaciones de la realidad que transmiten los sentidos corpóreo-mentales y que son retenidas por la memoria.

El *manas* inferior está en contacto con los elementos kamásicos y tiende a asociarse con ellos. Esto hace que la emoción y el pensamiento estén profundamente interrelacionados, como es bien sabido. Es decir, los cuerpos emocional y mental están estrechamente vinculados. Existe un término sánscrito que expresa perfectamente esta interdependencia, *käma-manas*, que significa 'mente de deseos'.

Puesto que el cuerpo mental es el medio de expresión del *manas* inferior, *käma-manas* hace referencia a la inteligencia puesta al servicio de la satisfacción de los deseos y pasiones de menor rango vibratorio que surgen y se desenvuelven en la esfera emocional. Cuando la inteligencia se pone al servicio de la plasmación de las cualidades álmicas en la vida cotidiana, nos encontramos en otro ámbito, el *manas* superior, cuyo vehículo es el cuerpo causal. Funcionando en coordinación, el cuerpo emocional y el mental producen diversos tipos de pensamientos-emociones, cada uno de los cuales refleja su propio color en el aura. Por ejemplo, los clarividentes ven el orgullo como un color anaranjado; el miedo, como un lívido gris; y la irritabilidad, escarlata.

De hecho, el *manas* inferior no solamente se asocia con el cuerpo emocional, sino que se identifica igualmente con el resto de cuerpos que integran el cuaternario inferior. Percibe todos ellos y piensa: «Este soy yo». Este sentimiento o sensación es el *yo personal*, que no es una entidad real, sino una ilusión y una invención mental: se concibe a sí mismo como una entidad independiente y autodeterminada, cuando no lo es. En realidad, es el producto de innumerables influencias que no dependen de su voluntad, de tipo físico y psicológico: la genética de sus ascendientes, la alimentación, distintos tipos de influencias (familiares, sociales y culturales), las experiencias que ha tenido la persona, y otro factor muy significativo: las tendencias acumuladas en vidas anteriores y que se manifiestan en esta.

Como ocurre con el resto de cuerpos del cuaternario inferior, el cuerpo mental también lo estamos construyendo momento a momento. En este caso, el «material de construcción» son nuestros pensamientos. Por tanto, dependerá de la calidad de estos que estemos construyendo un cuerpo mental más denso o más sutil. Si nuestros pensamientos son egoicos (de conflicto, ira, etc.) estamos densificando el cuerpo mental. En cambio, si nuestros pensamientos tienen que ver con el altruismo, la generosidad y otras cualidades humanas, el cuerpo mental tiene una vibración rápida que hace que sea más sutil y su tamaño aumente temporalmente. Si este tipo de pensamientos son sostenidos, el mayor tamaño del cuerpo mental se mantiene. A su vez, la mayor sutilidad se refleja en el aura del ámbito mental: los pensamientos y emociones de afecto no egoísta brillan con un color rosa pálido; los relacionados con el trabajo intelectual abstracto, con un color amarillo puro; los de devoción, con un color azul claro; los de simpatía, con un color verde brillante; y la orientación espiritual manifiesta un color lila o lavanda. Aunque estos pensamientos no pertenezcan al ámbito de la mente concreta, repercuten en el cuerpo mental de la forma expresada.

Como ocurre con el cuerpo emocional, el cuerpo mental tardará más o menos tiempo en diluirse en el tránsito en función de que esté más o menos densificado.

Veamos a continuación qué podemos hacer para construirnos un cuerpo mental que sirva al propósito del desarrollo espiritual.

LA LOCA DE LA CASA

En relación con el cuerpo mental, y con el objetivo de conocernos mejor a nosotros mismos, debemos profundizar en el funcionamiento de la mente concreta.

Siéntate un rato en silencio y observa lo que ocurre. No tardarás en darte cuenta de que ahí está la mente lanzando pensamientos todo el rato. Le hemos dado tanto protagonismo a la mente concreta que suele estar enormemente acelerada. Hay quien dice, y yo lo hago mío, que se ha convertido en una especie de radio que está en marcha sin cesar en nuestra cabeza, una radio que no sabemos apagar porque desconocemos dónde está el botón de apagado. También puede ser que dicho botón se haya roto... Santa Teresa de Jesús llamó «la loca de la casa» a esta voz que no se calla nunca; durante el día no deja de emitir pensamientos que no son nuestros (después se tratará este punto), y durante la noche se manifiesta como los sueños.

Dentro del proceso de conocimiento de nosotros mismos y de evolución espiritual, un objetivo que tenemos como Conductores es acallar esta mente, tranquilizarla, y hacerla realmente eficaz para nuestros propósitos y objetivos; porque si no la tenemos a nuestro servicio, acabamos abducidos por ella.

El primer paso que debes dar es constatar que tu mente está acelerada, y darte cuenta de que uno de los motivos de ello es el estilo de vida acelerado en el que estás inmerso.

En nuestra sociedad se nos impone un ritmo que está marcado por el culto a la velocidad. ¿Adónde vamos tan deprisa? Desde un punto de vista existencial, la gente no lo sabe ni le importa; lo único relevante es seguir corriendo. La frase que más repite todo el mundo es «no tengo tiempo». ¿Qué hace la gente con su tiempo que no le queda para otras cosas que también considera importantes? Las preocupaciones de la mente concreta nos absorben, y ni para ellas damos abasto.

Para avanzar por el camino del autoconocimiento y el desarrollo espiritual, no podemos seguir yendo tan deprisa. La gente quiere meditar y se lamenta de que la mente sigue estando ahí... pero es que no se la puede frenar de golpe. Si vas por la autovía a doscientos por hora y quieres frenar, el coche no se detendrá de inmediato en el momento en que pises el freno, sino que avanzará durante la denominada *distancia de frenado*. A la mente le pasa lo mismo. Si la llevas a doscientos por hora necesitarás una gran distancia de frenado; si la llevas a cien por hora, seguirás necesitando una distancia, pero será menor.

Hay determinados conocimientos, que atesoras pero que tal vez hayas olvidado, que te ayudarán a tranquilizar la mente. Vamos a recordarlos juntos.

NO TODOS «TUS» PENSAMIENTOS SON TUYOS

Al hablar del cuerpo físico veíamos que tiene cierta autonomía de nosotros y esto es igualmente cierto respecto al cuerpo mental. En el ámbito de la psicología se dice que tenemos unos sesenta mil pensamientos al día, y de estos solamente una pequeña parte son nuestros. Es decir, solo unos cuantos los generamos de manera consciente para ocuparnos de lo que requiere nuestra atención (cocinar, montar una estantería, etc.). El resto, la mente los lanza a su antojo, con independencia absoluta de nosotros e incluso del momento presente. Es importante que nos demos cuenta de esto y, sobre todo, que no nos identifiquemos con los pensamientos que no son nuestros.

Pondré un par de ejemplos para ejemplificar esta cuestión. Seguramente te ha pasado alguna vez que te has levantado de madrugada para ir a orinar y, cuando has vuelto a la cama, a tu mente concreta se le ha ocurrido lanzar un pensamiento que de ninguna manera querías que apareciese a esas horas. Pero aparece, y sigue ahí a pesar de tu voluntad, hasta el punto de que te impide volver a conciliar el sueño. Es evidente que si tu mente no actúa según tus instrucciones es porque tiene un grado elevado de autonomía respecto de ti.

Sigo con el siguiente ejemplo. Una mañana me llamó un amigo de Madrid, que es un pedazo de pan, para decirme que era un monstruo, porque había tenido un pensamiento fatídico. Me dijo que, cuando fue a tomar el metro, le habían venido muchas ganas de empujar a una chica a las vías. No entendía por qué había tenido ese pensamiento, pero consideraba que era suyo, de manera que estaba realmente angustiado. Cuando terminó de hablar, le dije que esa idea no era suya y que, a partir de esta certeza, procurase tranquilizarse.

Nosotros suministramos materiales a la mente, pero es ella la que elabora los pensamientos a partir de lo que le ofrecemos. Hemos visto una película, o hemos leído una novela, o hemos mantenido una conversación, o hemos leído una noticia en el periódico, etc., y la mente se ha quedado con esa información. Posteriormente, al darse una situación que presenta alguna analogía con esa fuente de información, la mente genera un pensamiento asociado, por su cuenta. Es así como por nuestra cabeza pasan contenidos que tomamos como propios pero que no son nuestros. Este tipo de pensamientos no definen cómo somos. Hay que tener en cuenta, además, que el mundo mental se interrelaciona con el emocional, de manera que ocurre asimismo que muchas de las emociones que experimentamos no son nuestras tampoco.

En el ámbito de la teosofía se dice que las emociones son vibraciones que se producen en el plano astral y que están influyendo en nosotros, y que los pensamientos son vibraciones que se están produciendo en el plano mental y que están influyendo en nosotros. Pero las personas no somos esas vibraciones. Somos el observador que está más allá de eso. Podemos observar esos contenidos tomando cierta distancia, igual que podemos mirar la ropa que llevamos puesta.

Práctica

JUEGA UN PARTIDO CON TU MENTE

Ya que la mente se permite jugar con nosotros —al menos, mientras no tenemos el suficiente dominio sobre ella—, permitámonos jugar un poco con la mente.

Busca un lugar en el que puedas estar tranquilo y siéntate en una postura que facilite tu estado de alerta introspectiva. Guarda silencio, respira con consciencia y disponte a jugar un partido con tu mente. Las reglas son las siguientes: cada vez que la mente lance un pensamiento, considerarás que es una nube, y tendrás la opción de subirte a ella —como hacían los personajes de dibujos animados Heidi y Son Gokū, cada uno en su contexto— o no subirte. Subirte a la nube quiere decir identificarte con el pensamiento y dejarte llevar por él durante más o menos tiempo. Esto significa un tanto a favor de la mente; vais 0-1. No subirte a la nube quiere decir que te has dado cuenta de la aparición del pensamiento y has optado por dejarlo pasar, sin más. Esto es un tanto a favor tuyo; vais 1-0.

Cuando te subas a la nube, bájate tan pronto como te des cuenta, apunta un tanto para tu mente y espera a que llegue el siguiente pensamiento. En el rato en que lleves a cabo esta práctica, la mente tendrá ocasión de lanzarte varios pensamientos, y tanto tú como ella tendréis ocasión de ampliar vuestro marcador. Es fácil que, las primeras veces, acabes «goleado» por la mente. Sin embargo, la ventaja que tiene este juego es que siempre vas a ganar tú. Aunque la mente te gane por 10 a 0, habrás ganado tú porque por fin te habrás dado cuenta, de forma muy palpable, de que tú y la mente no sois lo mismo, y de que hay muchos contenidos en ella que no tienen que ver contigo.

¿PIENSAS POR TI MISMO O A PARTIR DE UN SISTEMA DE CREENCIAS?

Los pensamientos que creemos que son nuestros a veces tampoco lo son, porque los estamos elaborando a través de *sistemas de creencias*, que son programas informáticos que la familia, la escuela, la sociedad y los medios de comunicación nos han metido en la cabeza. Es duro asumir que un pensamiento que ha sido el resultado de una reflexión y que ha motivado una acción que consideramos nuestra sea, en realidad, la expresión de un sistema de creencias que nos han inculcado.

Debemos ser conscientes de que albergamos muchos sistemas de creencias. A partir de este reconocimiento, tenemos que irlos eliminando, de manera semejante a como se borran los programas informáticos de un ordenador.

Los sistemas de creencias se suelen identificar porque nos llevan a saber qué es lo que tenemos que hacer en determinadas situaciones sin estar viviéndolas. No regirnos por sistemas de creencias significa vivir el presente atentos a lo que está ocurriendo, sin que la mente vaya diciendo lo que haríamos o dejaríamos de hacer ante situaciones hipotéticas.

No son solo los sistemas de creencias los que dirigen nuestros comportamientos; también ocurre que nuestra mente concreta es sensible al clima de pensamientos que hay en nuestro entorno: muchas veces los ambientes están cargados de informaciones mentales emitidas por una gran cantidad de personas, y este clima hace que nuestra mente inferior genere pensamientos que también tomamos por nuestros, sin que lo sean. Denomino *pensamientos-pestañeos* a los distintos tipos de pensamientos que tenemos de forma espontánea que no son nuestros.

Me gusta recordar una anécdota en relación con el tema de los pensamientos que no son nuestros, protagonizada por un lama. Dicho lama dio una conferencia en Nueva York en un auditorio, delante de más de mil personas. Habló de la mente y también de la aceptación y la confianza en la vida. En la parte final hubo un coloquio, e intervino una persona que le dijo, más o menos: «Todo lo que Ud. ha comentado está muy bien, pero vamos a suponer que va andando por un puente muy alto, en cuya barandilla hay una persona dispuesta a tirarse. ¿Ud. que haría? ¿Se quedaría con los brazos cruzados aceptando las circunstancias?». Ante esta pregunta, la respuesta del lama no fue otra que el silencio. Pasaron los segundos... un minuto... y el lama siguió sin responder. La tensión fue *in crescendo* en la sala, y cuando se llegó a los dos minutos de silencio, la presión se volvió insoportable y tuvo que aliviarse de alguna manera. La persona que había hecho la pregunta, sintiendo que dos mil ojos recriminadores estaban puestos en ella, volvió a tomar el micrófono, para preguntarle al lama: «¿Qué pasa? ¿Que no sabe Ud. qué decirme?». Entonces, el lama habló por fin, y dijo: «Efectivamente. No tengo ni idea de lo que haría. *Lo sabré cuando me ocurra*».

Yo tampoco sé lo que haría; cuando me encuentre en esa situación, si alguna vez me encuentro en ella, ya veré lo que hago. De hecho, se me presentó una circunstancia similar en enero de 2014, cuando un amigo me dijo que se iba a suicidar. ¿Qué hice? No respondí a partir de ningún sistema de creencias, como el típico según el cual «si un amigo se quiere suicidar, lo que hay que hacer es convencerlo de que la vida es bella y no se suicide». Lo que hice fue estar presente en la situación, sentir lo que se movía en mi interior y actuar en función de eso. En ese caso, lo que me salió de dentro fue ponerme a disposición de mi amigo para ayudarlo en lo que estimase conveniente. Se intentó suicidar, en efecto, pero no murió; sí tuvo una experiencia cercana a la muerte.

En definitiva: confía en ti, en lo que eres, en tu corazón, en lo que sientes, y actúa a partir de ahí en lugar de basarte en cualquier sistema de creencias.

NO DIGAS LO PRIMERO QUE SE TE OCURRA: SÉ IMPECABLE CON TUS PALABRAS

Hay gente que cree que practicar la veracidad es decir lo primero que se le viene a la cabeza. Estas personas creen que están siendo ellas mismas y ejerciendo la libertad de expresión, pero el problema es que seguramente no han generado ese pensamiento ellas mismas (esto es especialmente probable si la idea que han soltado no es inteligente o está fuera de lugar). Como hemos visto, los sistemas de creencias y el clima de pensamientos del entorno pueden inducirnos pensamientos; la mayor parte de ideas de este tipo que nos vienen a la cabeza tienen que ver con vibraciones densas, turbulentas (de cólera, ira, enfado, etc.). El clásico consejo de contenernos y contar hasta diez antes de decir algo es una recomendación sabia; si no quieres aplicarlo literalmente, al menos procura ser impecable con tus palabras en lugar de decir lo primero que se te ocurra. Antes de manifestarte, piensa un poco sobre lo que quieres decir realmente. Cuando nos detenemos en los pensamientos-pestañeos y los examinamos, dejan de ser «pestañeos»; entonces podemos elaborarlos para comunicarnos de forma eficaz.

CONSCIENTE, INCONSCIENTE O SUBCONSCIENTE

Antes de seguir hablando de la mente concreta, es oportuno que distingamos entre los tres niveles de esta mente: el consciente, el inconsciente y el subconsciente. De todos modos, la mente verdaderamente consciente es la abstracta, por lo que es mejor que denominemos *mente superficial* a la parte de la mente concreta que se da cuenta de las cosas y opera en este mundo. En contraste con ella, los planos inconsciente y subconsciente se encuentran a cierta profundidad.

Para hacer una analogía, podríamos decir que la mente mal denominada consciente sería la superficie de un escritorio; el inconsciente serían los cajones que hay por debajo de la superficie; y el subconsciente sería el espacio que hay entre los cajones y el suelo. En esta analogía, los distintos objetos que se encuentran sobre la mesa serían los contenidos de la mente concreta, los objetos que hay en los cajones serían los contenidos del inconsciente, y los objetos acumulados sobre el suelo debajo de los cajones serían los contenidos del subconsciente.

La existencia del inconsciente fue planteada por Sigmund Freud. Sus contenidos no son directamente visibles y tenemos que abrir los cajones para encontrarlos. Una vez que lo hacemos, encontramos las razones de determinados comportamientos; Freud, en concreto, dio mucha importancia a la influencia de los componentes sexuales ocultos. Posteriormente, Carl Jung, que había colaborado estrechamente con Freud, planteó que no solo existe el inconsciente individual, sino que también hay un inconsciente colectivo. En la analogía del escritorio, sería un segundo cajón, situado debajo del primero.

El inconsciente individual está compuesto por circunstancias y episodios de la vida de cada uno que ya no recordamos pero que están ahí repercutiendo en nuestro día a día, mientras que el inconsciente colectivo viene dado por la sociedad en la que vivimos. La sociedad determina una serie de hábitos, pautas y comportamientos de los que los individuos no son conscientes, pero que están afectando su vida.

Mientras que los contenidos del inconsciente están como velados y hay que hacer un esfuerzo para verlos, hay otros a los que cuesta mucho más acceder, pues están en un nivel más profundo todavía, el denominado subconsciente. Es realmente difícil que nos demos cuenta de que esos contenidos están ahí, pero también nos condicionan.

Es significativo el hecho de que los pensamientos-pestañeos pueden proceder de cualquiera de los tres planos (el superficial, el inconsciente y el subconsciente). Es importante que lo tengas en cuenta para que puedas asumir con mayor naturalidad la realidad de que muchos de los pensamientos que tomas por propios no lo son en realidad; en muchos casos, «burbujean» hasta la superficie procedentes de planos sobre los que no tienes control.

PARA QUÉ SIRVE Y PARA QUÉ NO SIRVE LA MENTE CONCRETA

Retomando las actitudes que contribuirán a que puedas calmar la mente y ponerla a tu servicio, es crucial que te des cuenta de que la mente concreta es muy útil para unas cosas mientras que no sirve para otras.

Imagina una realidad de ciencia ficción en la que todos nacemos con un papelito en la boca. El médico nos lo saca con mucho cuidado antes de darnos el golpecito en las nalgas para que lloremos y lo entrega a nuestras respectivas madres, que reciben la instrucción de no perderlo, custodiarlo y dárnoslo justo antes de que entremos en la adolescencia. Ocurre que la mayoría de las madres se olvidan el papel en el hospital con la emoción del parto y no piensan más en él, y muchas otras se lo llevan pero acaban por olvidar que lo tienen y que deben entregarlo a su hijo. Yo tuve la suerte de tener una madre muy disciplinada, que conservó el papelito y me lo dio cuando estuve a punto de cumplir los doce años.

Se trata de un documento muy importante; en realidad, es un prospecto que detalla todas las cosas para las que sirve la mente concreta. Nos recuerda que esta mente es un ordenador de ultimísima generación; de hecho, la psicología nos dice que no es que sea un ordenador, sino que son 17.000 millones de ordenadores de última generación, porque cada neurona del cerebro es, realmente, un superordenador. Todo este complejo tan maravilloso lo tenemos a nuestra disposición y tiene muchas utilidades; entre ellas, nos permite hablar, escribir, interrelacionarnos, organizar y planificar eventos, plasmar nuestros dones y talentos, y un largo etcétera. Todas estas utilidades están escritas en tinta negra en el prospecto, pero cuando le das la vuelta para acabar de leerlo, aparece el apartado de las precauciones, en letras rojas. En dichas precauciones se nos avisa de que la mente concreta no sirve para cuatro cosas. En realidad es una sola cosa, pero se expresa como cuatro para poner un mayor énfasis: «La mente concreta no sirve para comprender, entender, ver y vivir la vida». Su sistema operativo no está preparado para ello, y el prospecto nos advierte de que si la utilizamos con estos fines no solo no vamos a conseguir ningún resultado sino que, además, la vamos a distorsionar, se va a convertir en «la loca de la casa» de la que habló santa Teresa de Jesús y no podrá realizar correctamente las funciones para las que ha sido diseñada. El prospecto finaliza diciendo que para comprender, entender, ver y vivir la vida hace falta contemplar esta desde algo que no tiene que ver con el coche, sino con el Conductor, con nuestro Yo Superior: la mente abstracta.

Sin embargo, la mayoría de seres humanos no recibieron el prospecto en su momento, y ahora viven creyendo que la mente concreta sirve para todo; y al aplicarla para lo que no sirve, se les ha distorsionado. A partir de ahí, nos hemos metido en un gran lío como humanidad, como veremos a continuación.

LA MENTE CONCRETA LO VE TODO TORCIDO

Cuando le preguntamos a la mente concreta acerca de la vida, la respuesta que da no se ajusta a la realidad, porque lo ve todo torcido. Esto es así debido a su sistema operativo, que se basa en las polaridades, en la dualidad, en lo blanco y lo negro, lo bueno y lo malo. A causa de ello, la mente concreta ve una cantidad incalculable de incoherencias y sinsentidos en la vida; la ve tan torcida como torcida es su visión. Pero la vida no está torcida. La realidad es que todo está en su sitio, que todo es como corresponde, que todo encaja, que todo tiene su porqué y para qué y su sentido profundo en clave de nuestro proceso de evolución espiritual.

Cuando ponemos agua en un vaso de cristal transparente e introducimos después un lápiz en el vaso, vemos, a través del cristal, que se dobla a partir del punto en que entra en contacto con el agua. Cuando lo sacamos, vuelve a estar derecho. Sabemos que este no es un fenómeno mágico; sabemos que el lápiz siempre está derecho pero que lo vemos torcido por un efecto óptico debido a que la luz se desvía, o se refracta, cuando pasa del aire al agua. Pues bien, el hecho de ver la vida torcida, el hecho de creer que las cosas tendrían que ser de otra manera, no es más que un efecto óptico, mental en este caso, derivado de utilizar la mente concreta para lo que no sirve.

Mi afirmación de que todo está en su sitio, de que la vida es exactamente como corresponde que sea, no obedece a un acto de fe, sino que es el resultado de aplicar el sentido común. El sentido común nos permite conectar con la confianza en la vida, por extraña que pueda parecer esta afirmación de entrada: cuando vemos y leemos las noticias, parece que el sentido común nos invita justamente a la desconfianza, pero insisto en lo contrario. El sentido común que conecta con la confianza se pone de manifiesto en dos prácticas, que he denominado la *práctica de la pizarra* y la *práctica de la ventana* (aunque esta última también se puede realizar en un balcón, o en un patio, etc.).

LA PRÁCTICA DE LA PIZARRA

A pesar del nombre que le he dado, esta práctica también puede hacerse con un lápiz y una hoja de papel en blanco, sobre todo si no tienes acceso a una pizarra.

En el extremo izquierdo de la pizarra o la hoja escribe un cero, que representa el momento exacto en el que naciste. Partiendo de ese cero, traza una línea hacia la derecha, de cierta extensión. Esa línea representa todos los años que has vivido. Traza pequeñas marcas cada cinco años y cada década, para orientarte acerca de dónde ubicarías un año dado. Ahora, tu línea presenta un aspecto semejante a una regla de medir.

A partir de aquí, pon un punto en los años en los que, más o menos, ocurrieron hechos que consideras que fueron significativos en tu vida; hechos que influyeron en lo que ocurrió después o que lo determinaron. Cuando hayas colocado todos los puntos, pon junto a cada uno de ellos un signo de más o un signo de menos, en función de si tu mente valora que dicho acontecimiento influyó de forma positiva o negativa en tu vida. A continuación, elimina con el borrador (o con la goma de borrar) todos los puntos que has asociado con sucesos positivos, de manera que solo queden los negativos.

Para finalizar el ejercicio, reflexiona acerca de los puntos que quedan. ¿Qué trajeron realmente a tu vida? Al aplicar el sentido común te darás cuenta de que las puertas que se cerraron abrieron otras, de que los desencuentros dieron lugar a nuevos encuentros, de que distintas circunstancias de dolor y sufrimiento te llevaron a interesarte por aspectos más profundos de la existencia, etc. En definitiva, puedes percibir que esos puntos negativos constituyeron, en realidad, factores de impulso. También puedes barruntar que fue tal el sentido que tuvieron en tu vida esos sucesos que tu mente, en su momento, rechazó como los sapos de los cuentos, que no es nada probable que llegasen por casualidad.

Uno se lleva auténticas sorpresas cuando hace este ejercicio, porque se da cuenta de que todo aquello que siempre ha calificado de negativo fueron, en realidad, factores de impulso importantísimos para que su vida y su persona sean como son en el momento actual.

LA PRÁCTICA DE LA VENTANA

Esta noche, o cualquier noche, mira el firmamento desde una ventana de tu casa (o desde un balcón, etc.), aunque no se vean demasiadas estrellas a causa de la contaminación lumínica. Y proyecta lo que sabes sobre él gracias a la ciencia. La práctica empieza con la siguiente reflexión:

Aquí estoy yo, en la ventana de mi casa. ¿Qué soy?, una dimensión espiritual encarnada en un ser humano. Pertenezco a una especie que es la humanidad, que tiene 7.500 millones de miembros. La humanidad es una especie de vida que habita en un planeta llamado Tierra, en el cual hay varios millones de especies de vida, la mayor parte de las cuales tienen muchos millones de miembros. El planeta Tierra tiene la singularidad de que está dando vueltas sobre sí mismo a una enorme velocidad, tan enorme que no nos damos cuenta de que está girando. Además, la Tierra está dando vueltas alrededor del Sol, desplazándose a unos 100.000 kilómetros por hora. Y lo viene haciendo desde hace no menos de 4.000 millones de años, en una rotación perfecta. Junto a la Tierra hay otros planetas, que también giran en torno al Sol, cada uno en su órbita, a enormes velocidades, desde hace miles de millones de años. El Sol y sus planetas son los componentes más relevantes del denominado sistema solar. El sistema solar, a su vez, se está moviendo por un ámbito mayor, la galaxia denominada Vía Láctea. Y lo hace a una velocidad estrambótica, de casi 800.000 kilómetros por hora, siempre en ciclos perfectos, parece que en torno al centro galáctico, en una rotación que dura miles de años. A su vez, el Sol no es más que una estrella entre los 300.000 millones de estrellas que componen, muy aproximadamente, la Vía Láctea; cada una de estas estrellas tiene su sistema planetario y está desplazándose por la galaxia dentro de un gran orden. Pero es que la Vía Láctea no es más que una galaxia entre los dos billones de galaxias que conforman el universo conocido, cada una con sus miles de millones de estrellas. La ciencia estima que hace unos 13.700 millones de años que existe el universo conocido, y cada galaxia se mueve en direcciones concretas, en unos circuitos y ciclos perfectos.

La ciencia está empezando a ver que hay otros universos además del que conocemos, pero no vamos a entrar en esto, porque con lo dicho sobre el universo conocido es suficiente. Ahora, dale a la moviola:

Tenemos el universo conocido, compuesto por dos billones de galaxias, cada una de las cuales está desplazándose perfectamente en su seno. Cada una de estas galaxias tiene miles de millones, o cientos de miles de millones, de estrellas. Una

> *de estas galaxias es la Vía Láctea, que tiene unos 300.000 millones de estrellas, cada una de las cuales tiene su sistema planetario. Dentro de estos 300.000 millones de estrellas hay una que es el Sol, en torno al cual giran una serie de planetas, uno de los cuales es la Tierra, que gira también en torno a sí misma. Y dentro de la Tierra hay varios millones de especies de vida, una de las cuales es la humanidad, compuesta por 7.500 millones de miembros, uno de los cuales soy yo, que estoy aquí, en la ventana de mi casa.*
>
> Cuando llegues a este punto culminante de la práctica, tienes que señalar al firmamento con el dedo índice y decir en voz alta (es crucial que lo hagas en voz alta; si te oyen los vecinos, mejor):
> –Vale, ¡pero aquí hay algo que no funciona! ¡Aquí hay algo que tendría que ser de otra manera! ¡Aquí hay algo que cambiar!
> Te reirás de ti mismo, lo cual es una práctica espiritual sanísima.

El sentido común nos lleva a darnos cuenta de que todo está en su sitio, y solo es posible no verlo si estamos muy metidos en la consciencia egocéntrica.

Cuando alguien me dice que todo está en su sitio menos él, le digo: «¿Qué pasa, que tú eres una singularidad espacio-tiempo?». ¿No es mucho más sencillo deducir que todo está en su sitio y que cada uno de nosotros también lo estamos, y que lo que ocurre es que intentamos analizar nuestra vida y el mundo a través de la mente concreta, la cual no sirve para esto?

Imagina que estás contemplando tu vida desde un balcón. Inevitablemente, te vendrán a la memoria sucesos que no son del agrado de tu mente; eventos que, de entrada, juzgas como errores que cometiste, o injusticias de las que fuiste objeto, etc. Y tendrás muchas ganas de eliminar esos acontecimientos de tu vida; desearías tener el poder de suprimirlos de tu pasado y hacer que no hubiesen ocurrido nunca. Sin embargo, ¿qué ocurriría si realmente pudieses hacer eso? ¡Que el balcón desde el que estás contemplando tu vida se vendría abajo, y tú con él! Porque todas las experiencias de tu pasado constituyen el sostén, las vigas que aguantan lo que eres tú y lo que es tu vida en el día de hoy. Todo ello te ha conducido hasta donde te encuentras en el momento actual. Por lo tanto, olvida el concepto de que has cometido errores o de que ha habido errores en tu vida. Al final del capítulo dedicado al cuerpo causal se profundiza en los mal denominados *errores*.

En el capítulo 4 veíamos que nuestro Yo Superior planifica sus encarnaciones en el plano de luz, con un grado de precisión elevado. Entonces, respira: todo está en su lugar, y tu vida también. Y todo lo que ocurre en ella tiene su porqué y su para qué. Todo encaja en favor de tu proceso espiritual y consciencial, de tu evolución. Por favor, confía en la vida. Y cuando la mente te diga que las cosas no están bien, dile que se calle, que vuelva a su sitio, que ya la llamarás cuando la necesites. Acabará por hacerlo, por aburrimiento, cuando te hayas negado a hacerle caso las suficientes veces. Entonces empezarás a liberarte de ese lastre tremendo con el que has tenido que vivir, que te impedía ver la realidad.

En efecto, el filtro de la mente concreta te impide, o te ha impedido, ver las cosas tal como son. Porque la mente no ve, en realidad. Su función es pensar. Por lo tanto, no ve, sino que piensa «acerca de».

LA MENTE PIENSA «ACERCA DE»

Tienes delante una rosa y la miras. ¿La estás viendo? No. No ves la rosa, sino que estás pensando acerca de ella. Estás viendo que es hermosa; y si estás percibiendo que es hermosa es que no la estás viendo. Estás proyectando un sistema de creencias sobre ella.

Y ¿qué dice tu mente cuando tienes un cardo borriquero delante? Que es feo. Pero esto no es así en realidad. La verdad es que un cardo borriquero es un cardo borriquero y que una rosa es una rosa. Pero la mente concreta no percibe esto tan simple, y lo que hace es atribuir determinadas cualidades a lo que observa: *feo*, *bonito*, *bueno*, *malo*, etc.

El ámbito de los pensamientos que arroja la mente concreta es subjetivo. Por ejemplo, podemos invertir conceptualmente las asociaciones que hacemos con el cardo borriquero y la rosa y pasar a considerar que el primero es más hermoso que la segunda: es resistente, aguanta bien frente a condiciones meteorológicas adversas, está perfectamente integrado en la naturaleza... En cambio, la rosa tiene un aspecto casi artificial y es demasiado delicada. Si pasamos a pensar así sobre estos dos elementos, le habremos dado la vuelta al calcetín, pero seguiremos sin verlos tal como son.

El hecho de pensar «acerca de» crea una barrera entre tú y la realidad. De algún modo, pones una pantalla entre las cosas y tú, y proyectas tus pensamientos sobre dicha pantalla. No ves el objeto o la persona que tienes delante sino que los utilizas como pantalla sobre la que proyectar tus pensamientos.

Por ejemplo, hay un grupo de amigos reunidos en un bar y uno de ellos dice: «Dentro de un rato vendrá una amiga que quiere conoceros». Al cabo de media hora llega, y el chico comenta: «¡Aquí está mi amiga!». Pues bien, en el corto trayecto que va de la puerta a la mesa, cada uno de los amigos ha tenido tiempo de hacer un diagnóstico de la recién llegada, para sus adentros. No hace falta que hable; ha sido perfectamente escaneada. La mente la ha usado de pantalla y ha proyectado su sistema de creencias en ella; la ha juzgado en función de su peinado, de si está gorda o delgada, del tipo de ropa que lleva, de su forma de andar, de si lleva o no gafas, del color de su pelo, y un largo etcétera.

Es muy curioso también lo que ocurre en los enamoramientos (que no son tales, pero no voy a entrar en ello ahora). De entrada parece que el enamoramiento es cosa de dos, pero esto no es así en realidad. Poniendo como ejemplo la pareja heterosexual típica, ahí no están solo el chico y la chica, sino que están también el chico pensado por la chica y la chica pensada por el chico. Cuando el chico está mirando a la chica, no la está viendo; está proyectando sobre ella. Y viceversa. ¿Qué proyectan el uno en el otro? Sistemas de creencias relativos a los formatos de las relaciones, determinadas aspiraciones aprendidas, tópicos sacados de cuentos y películas... Ambos inventan algo que no existe. Al cabo de un tiempo, normalmente no demasiado, surge el desengaño, y los dos se lamentan: «es que María no es como yo pensaba», «es que Jaime no es como yo pensaba». ¡Por supuesto que el otro no es como hemos pensado! Ni lo es cuando nos damos cuenta ni lo era antes. Cada uno es como es, no como la mente de otro piensa que es.

Esta forma que tiene de funcionar la mente concreta es un sinsentido, y lo que tenemos que hacer es darnos cuenta de que tiene estos comportamientos. A partir de esta comprensión, debemos procurar ponerla a nuestro servicio. No te pelees con ella cuando vuelva a las andadas; limítate a tomar consciencia de lo que está haciendo. De esta manera favorecerás que se vaya acallando cada vez más. La toma de consciencia y la aceptación de lo que ocurre tanto en el ámbito emocional como en el mental (la nariz vertical que se examinó en páginas precedentes), una y otra vez, es lo que hace que las dinámicas absurdas vayan remitiendo y los contenidos indeseables se vayan diluyendo, con el paso del tiempo. De esta manera, tanto el mundo emocional como la mente concreta se van poniendo en su lugar, progresivamente.

Cuando el mundo emocional y mental se van apaciguando, nos vamos sintiendo más liberados y equilibrados. Cada vez estamos más imbuidos por la armonía, el sosiego y la serenidad.

Además de la toma de consciencia mencionada, hay dos herramientas muy importantes que te ayudarán a tranquilizar la mente concreta y ponerla a tu servicio: la práctica del aquí-ahora y la práctica de la meditación. Se abordan en el próximo capítulo. Estas herramientas, además de contribuir a acallar la mente, también ayudan a equilibrar el mundo emocional, lo cual favorece en gran medida el desarrollo de las cualidades a las que me refería en el capítulo anterior (la no codicia, el no daño, etc.).

LA DUALIDAD DE LA MENTE CONCRETA

Antes de proseguir, conviene aclarar que el funcionamiento dual de la mente concreta es característico de su sistema operativo; no constituye ningún error. A diferencia de lo que ocurre con el sistema operativo de la mente abstracta, el de la mente concreta lo computa todo como pares de opuestos: para entender lo que es el frío necesita el calor, para entender lo que es el calor necesita el frío, para entender lo alto necesita lo bajo, para entender lo bajo necesita lo alto, para entender el amor necesita el odio, para entender lo blanco necesita lo negro... Los pares de opuestos no existen en realidad, pues lo que hay son grados; por ejemplo, el frío y el calor no son cosas distintas, sino que son expresiones de un mismo fenómeno, que es la energía cinética: cuando las partículas de un sistema se mueven rápidamente, hay calor; cuando se mueven lentamente, hay frío. De cualquier modo, la polarización que efectúa la mente concreta es muy útil aplicada a los asuntos que son, verdaderamente, de su incumbencia.

Una vez que nos hemos dado cuenta de que la mente concreta clasifica los fenómenos por medio de la polarización, podemos dar un paso más y advertir que, a partir de ahí, centra su atención en lo que ha calificado como negativo. Por ejemplo, la mente distingue entre salud y enfermedad, lo cual es arbitrario, porque ambas forman parte de lo mismo, que es el estado de salud del organismo. Podríamos decir que los estados de salud y enfermedad son la expresión de una misma energía, que, cuando está alta, denominamos *salud* y le damos una connotación positiva, y, cuando está baja, denominamos *enfermedad* y le damos una connotación negativa. Una vez que la mente ha distinguido entre salud y enfermedad y ha establecido que la primera es positiva y la segunda negativa, automáticamente computa solamente la enfermedad, y se olvida de la salud. Aquí está la prueba de ello: cuando uno está sano, no dedica ni un segundo del día a reflexionar sobre su estado de buena salud; en cambio, cuando uno no se encuentra bien, el pensamiento acerca de su estado no lo abandona ni un minuto del día, sea cual sea la gravedad de la dolencia.

Esto es muy significativo porque oímos hablar del poder transformador de las experiencias de dolor, de las noches oscuras del alma en palabras de san Juan de la Cruz, y nos preguntamos: ¿no podríamos avanzar en consciencia a partir de las experiencias de dicha? La respuesta es que sí podríamos evolucionar a partir de las experiencias de gozo, de amor, de alta vibración, pero como ocurre que las experiencias «positivas» no las computamos, no podemos utilizarlas para crecer espiritualmente. Por eso, nuestros avances se basan principalmente en las experiencias de dolor. La solución es evidente: empezar a computar las experiencias «positivas». Por ejemplo, si te levantas sano por la mañana, toma plena conciencia de ello y agradécelo desde el corazón. Por extensión, sé consciente de todo lo «bueno» que hay en tu vida y agradécelo sinceramente. Generarás, así, una actitud evolutiva de una alta frecuencia vibratoria.

Haciendo un símil, podemos crecer espiritualmente a partir de beber zumos de naranja dulces o zumos de limón ácidos. La mayor parte de los seres humanos, cuya parte más íntima inevitablemente quiere evolucionar en consciencia (aunque a menudo no lo parezca), optan por tomar el zumo ácido, pero no tiene por qué ser así: el zumo dulce contiene las mismas vitaminas conscienciales.

Todo ello es un magnífico exponente de lo enunciado de que la mente concreta no sirve para comprender, entender, ver y vivir la vida: al introducir la dualidad en la experiencia y prescindir de la mitad amable, nos aboca al sufrimiento. En cambio, la mente abstracta no ve el mundo dividido, no ve el mundo partido, no ve la realidad rota, sino que tiene una comprensión profunda de que la vida es una en todas sus manifestaciones. Desde ahí podemos valorar todas las expresiones de la vida por igual y aprovechar todas ellas para crecer en consciencia. Entonces, el avance es más directo y mucho menos doloroso.

Práctica

LA POLARIZACIÓN

El *Kybalión* establece, en el principio de polaridad, que «todo es doble; todo tiene dos polos; todo, su par de opuestos: los semejantes y antagónicos son lo mismo; los opuestos son idénticos en naturaleza, pero diferentes en grado». El hecho de que los opuestos pertenezcan al mismo fenómeno nos permite aprovechar a nuestro favor la inevitable tendencia de la mente concreta a polarizar, de la siguiente manera: cuando algo nos está afectando desde el polo indeseado, el solo hecho de pensar en el polo deseado tiene la virtud de cambiar la realidad en el sentido apetecido.

Por ejemplo, si te encuentras en medio del frío y te desagrada, y en cambio te gusta el calor, el solo hecho de pensar en el calor hará que se te quite el frío. Basta con que sitúes la mente en el polo contrario para que en tu organismo se generen unas reacciones que van a afectar la forma en que te sientes.

Por lo tanto, siempre que en tu vida haya algo que te perturbe, sitúate en el polo contrario. Por poner otro ejemplo, si estás encolerizado, busca un escenario apacible en tu cabeza, y te vas a tranquilizar.

Capítulo 10

PRÁCTICAS PARA TRANQUILIZAR Y DOMINAR LA MENTE CONCRETA

BUSCAR ESPACIOS DE SILENCIO

Toma consciencia de tu ritmo de vida y empieza a introducir momentos de silencio a diario. Puedes empezar y acabar el día con un ratito de silencio, por ejemplo, y hacer pequeñas pausas a lo largo de la jornada con el único objetivo de gozar de momentos de calma y silencio interior.

VIVIR EN EL AQUÍ-AHORA

Amonio Saccas, antiguo filósofo de Alejandría, que acuñó la palabra *teosofía*, decía que el principal obstáculo que tiene el ser humano para desarrollarse espiritualmente es la memoria, porque esta nos lleva a proyectarnos hacia el pasado, y a partir de ahí a proyectarnos hacia el futuro, y a partir de ahí a proyectarnos hacia el pasado otra vez...

Los sistemas de creencias se alimentan del ir y venir entre el pasado y el futuro, y los pensamientos-pestañeos acuden porque no estamos en el momento presente. Tenemos que darnos cuenta, por medio de la observación, de que la mente concreta está yendo todo el rato del pasado al futuro y del futuro al pasado, como una pelota de pimpón o de tenis, y que nunca está donde tiene que estar: en el momento presente. Este comportamiento es próximo a la locura, verdaderamente, pero es una tendencia que el ser humano puede controlar. No es más que un hábito y, como tal, puede cambiarse.

Cuando hoy en día se nos invita a poner atención al momento presente, a recapacitar sobre el poder del ahora, a hacer prácticas de *mindfulness*, etc., no se está haciendo otra cosa que rescatar una sabiduría ancestral que ya se encontraba, pongamos por caso, en los *Yoga sutras* de Patanjali. Sea como sea, es importante que incorporemos a nuestra vida el hábito de estar en el presente, porque el aquí-ahora es nuestro espacio sagrado de libertad. También es el único espacio en el que podemos vivir realmente la vida.

Contemplar los milagros

Habitualmente, el ser humano pasa distraído por la vida. Y así es como la pierde. Cuando estamos en el aquí-ahora, nos damos cuenta de que la vida es espectacular, inmensa. Está llena. En la película *El guerrero pacífico* hay una escena memorable en que el maestro del muchacho protagonista lo lleva a un parque y le dice que se maraville ante todo lo que está ocurriendo. La primera reacción del muchacho es afirmar que no está ocurriendo nada especial, pero en cuanto entra en el aquí-ahora se da cuenta de las magníficas y abundantes expresiones de la vida que se están produciendo a su alrededor. Entonces, realmente, se maravilla.

En el aquí-ahora, vivimos maravillados, y nos damos cuenta de que la vida se manifiesta como un milagro continuo. Esto sí es vivir en plenitud.

Pasar de reaccionar a responder

Vivir en el aquí-ahora presenta además la gran ventaja de que nos permite modular la frecuencia vibratoria de nuestra actitud frente a las situaciones. Esto es muy importante para nuestra evolución en consciencia.

Desde el ámbito de la psicología se nos recuerda que vamos por la vida con una determinada actitud, aunque no seamos conscientes de ello, tanto durante la vigilia como en el mundo de los sueños. Nuestras actitudes están en el origen del carácter de nuestras emociones y pensamientos; por decirlo gráficamente, el color de la actitud determina el color de la emoción o el pensamiento.

Si no estamos en el aquí-ahora, nuestra actitud está totalmente sujeta a nuestros condicionamientos, y entonces nuestras acciones ni siquiera son tales: son *reacciones*, porque se producen en nosotros de manera automática. La repetición de determinadas acciones o reacciones cristaliza como hábitos, y estos van conformando nuestro carácter. Decían los antiguos que nuestro carácter marca nuestro destino; esta afirmación puede ser demasiado literaria, pero es una bella forma de expresar el resultado final de las actitudes sostenidas.

Tu actitud, en definitiva, determina cómo es tu vida. Si vas por el mundo con una actitud abierta, generosa, altruista, comprensiva, empática, solidaria, favorable a contemplar la belleza de la vida y dirigida a buscar lo mejor que hay en cada ser humano, resultará que tus emociones, pensamientos y actos, y sus consecuencias, no tendrán nada que ver con los que generarás si vas por la vida con una actitud insolidaria, defensiva, de crítica a todo el mundo, de creer que la vida está en tu contra, etc.

Si estás en el aquí-ahora, puedes crear tus actitudes; si no, las crea todo el mundo de sistemas de creencias e influencias que piensa por ti. Podemos verlo con un ejemplo muy gráfico: cuando vivimos en un bloque de pisos, llamamos al ascensor, la puerta se abre y vemos que hay una persona dentro, ¿cuál es la reacción del 99 % de las personas? Aunque no lo expresen, experimentan una molestia; habrían deseado no encontrarse a nadie. Esta queja interna es una reacción defensiva, de autoprotección, de carácter automático: la persona estaba pensando en sus cosas y se ve sorprendida por una realidad que no tiene nada que ver con los contenidos de su mundo mental, y arremete internamente contra esa intrusión.

¿Qué ocurre sin embargo si estamos en el aquí-ahora? Que podemos modular nuestra actitud. Te invito a hacerlo: cuando llames al ascensor por la mañana para irte al trabajo y te encuentres a una persona en su interior, date cuenta, desde el aquí-ahora, de que esa situación es una bendición. Tienes ante ti un ser vivo, un ser humano; es posible que ese vecino o vecina sea, incluso, la primera persona que ves ese día. Vive con gozo esos segundos que estáis juntos en el ascensor; aprovecha para fomentar que sea una maravillosa forma de empezar el día, tanto para ti como para el otro. Deséale que tenga una magnífica jornada, y hazlo de corazón. Y es que cuando estamos en el momento presente podemos fabricar nuestra actitud, o, mejor dicho, podemos modular la vibración de la actitud con la que vamos a afrontar la circunstancia.

Por poner otro ejemplo, pongamos por caso que me pisa una persona yendo por la calle. Si no estoy en el momento presente, lo más probable es que tenga un comportamiento reactivo y que me enfade, incluso que insulte a esa persona. En cambio, si estoy en el momento presente, centrado en el aquí-ahora, tengo la capacidad de modular la frecuencia vibratoria, y soy libre de hacer que esta frecuencia sea de amor. Si la persona se disculpa, puedo decirle: «Ha sido sin querer; no tiene por qué disculparse». Y si no se disculpa no pasa nada; sencillamente, no ha sido consciente de su acto.

A partir de la actitud de estar en el ahora podemos pensar y actuar nosotros. Si no estamos en el momento presente, el pensamiento es automático y el comportamiento es reactivo; pero si estamos en el aquí-ahora, pensamos libremente y la acción es nuestra, en lugar de ser una mera reacción.

Es fundamental que nos adueñemos de nosotros mismos y para esto está el gimnasio de la vida diaria. Se trata de algo tan sencillo como de vivir en el presente y decidir pensar y actuar a partir de una frecuencia amorosa ante las situaciones que se presenten. Olvida los grandes ideales y procede de esta manera. A la mente le encanta idealizar y manejar conceptos como la compasión budista y la fraternidad universal, mientras que es posible que se comporte reactivamente en el día a día. Esto es una gran incongruencia. La fraternidad empieza con la tolerancia y el respeto hacia las personas que viven con nosotros, hacia los compañeros de trabajo, hacia los amigos. Hay que empezar por el ámbito de lo concreto; de lo contrario, los grandes conceptos quedan reducidos a mera palabrería.

La meditación es otro ámbito en el que prima la grandilocuencia, las pretensiones poco realistas, el afán insano de dominar el campo de lo abstracto sin sentar las bases adecuadas en el terreno de lo concreto.

LA MEDITACIÓN

Mucha gente quiere meditar, y quien más quien menos quiere alcanzar el nirvana. Pero la inmensa mayoría de los seres humanos no están todavía en condiciones espirituales de alcanzar este objetivo. Unos pocos sí, a causa del trabajo que han realizado en vidas anteriores, pero a la inmensa mayoría aún les queda un largo camino por recorrer. No es una meta que se pueda alcanzar de la noche a la mañana sino que requiere seguir un proceso, que está descrito desde la noche de los tiempos. Por ejemplo, los sutras de Patanjali presentan *dharana*, *dhyana* y *samadhi* como fases previas al nirvana.

Según el itinerario que nos exponen las tradiciones meditativas, lo primero que hace falta para avanzar en el proceso de la meditación es prestar **atención**, lo más plenamente posible. Este es el objetivo de las prácticas de *mindfulness* o atención plena.

Te propones meditar, pero ¿eres capaz de estar conversando durante cinco minutos con una persona prestándole toda tu atención? Imagina que estás tomando una infusión con alguien en una cafetería y que de pronto, en el transcurso de la charla, tu interlocutor menciona la playa. ¿Sigues estando ahí, atento a la conversación, o te ves enseguida en la playa, bajo una sombrilla? En teoría estás en la cafetería, pero es mentira; estás junto al mar. Hay que empezar por dedicar toda la atención posible a lo que está aconteciendo en el momento.

Práctica

ATENCIÓN A LOS SONIDOS

Sentado en estado de relajación y con los ojos cerrados, decide atender a los sonidos externos. Fíjate en uno que esté presente más o menos todo el rato (el ruido del tráfico, el motor de la nevera, el piar de los pájaros, voces de personas, una música que esté sonando, etc.) y céntrate en ese sonido, exclusivamente. Investígalo; percibe todos sus matices y texturas. Si el sonido elegido es una vibración continua, date cuenta del conjunto de subsonidos que componen el sonido más evidente.

Tras permanecer así unos segundos, relaja totalmente el espacio mental para estar atento a todo tipo de sonidos que se estén produciendo o que puedan presentarse. Ahora eres un «cazador de sonidos»; no permitas que se te escape ninguno. Tampoco te distraigas comentándolos con tu voz interior; puedes pensar que eres una pared a la que llegan todos los sonidos pero en la que todos rebotan inmediatamente. Cuanto más relajado esté tu espacio mental, de más sonidos serás consciente.

Alterna entre el primer tipo de atención y la segunda unas cuantas veces. Percibe la distinta cualidad de la atención enfocada tipo «rayo láser» y la atención abarcadora. Siente cómo se complementan. La atención enfocada es estupenda para cuando tengas que centrarte en cualquier actividad, y la atención abarcadora es estupenda para cuando necesites mantener un estado de alerta general o para evitar que tu mente divague cuando no estés enfocado en ningún asunto.

ATENCIÓN A LA RESPIRACIÓN

Túmbate sobre una esterilla o siéntate confortablemente en una silla, pero con la espalda recta. En el curso de esta práctica, respira siempre por la nariz.

Haz unas cuantas respiraciones tranquilas con la intención de relajar el cuerpo. A continuación, haz unas cuantas respiraciones profundas, empezando por llenar de aire la zona de la barriga antes de ir llenando los pulmones, desde abajo hasta la zona próxima a la clavícula. Al exhalar, empieza vaciando la parte superior de los pulmones y ve descendiendo; acaba por vaciar de aire la zona del vientre.

A continuación, respira normalmente, pero conservando la intención que acabas de practicar de llevar el aire al abdomen (a la barriga) antes de llevarlo a los pulmones. Como estás respirando espontáneamente, el llenado en cada respiración será muy parcial. Permite que sea así; lo importante ahora es que estés relajado y que te sientas libre de llevar la atención donde elijas hacerlo. En este contexto, practica sucesivamente dos o tres modalidades de atención:

-La atención en un punto. Elige un punto en el que sientas pasar el aire (en la nariz o en la garganta) y mantén fija la atención en ese punto unas cuantas respiraciones. Siente cómo cambian las sensaciones en ese punto según si el aire está entrando, está saliendo o no hay ningún movimiento de aire.

-La atención de seguimiento (optativa). Sigue el aire en todo su recorrido, desde las fosas nasales hasta el abdomen, y desde el abdomen hasta su expulsión, durante unas cuantas respiraciones. Puedes visualizar que una molécula del aire está teñida de un determinado color para que te resulte más fácil hacer el seguimiento completo.

-La atención global. Relaja tu espacio mental y toma cierta distancia para observar el conjunto de la situación: estás respirando y tienen lugar una serie de movimientos en tu cuerpo, el aire efectúa un recorrido y roza las fosas nasales y la garganta al pasar. Cuanto más relajes el espacio mental, más de estos fenómenos podrás percibir a la vez. Permanece también muy atento a la «ausencia de acontecimientos» propia de las pausas y percibe la cualidad de esa inmovilidad en contraste con todo lo que ocurre durante el movimiento.

Las prácticas de atención a la respiración no solo son apropiadas para cultivar la atención en general, sino que también restablecen el flujo apropiado del prana por el organismo.

Práctica

ATENCIÓN AL ESPACIO MENTAL

Siéntate en una silla con la espalda recta, cierra los ojos y relaja el cuerpo. A continuación, céntrate en el juego de luces y colores que aparece delante de tus ojos cerrados. Para ello, aplica la atención en un solo punto: tienes los ojos cerrados, pero si los tuvieras abiertos estarías mirando un punto fijo que habría delante de ti.

Tras unos momentos, abandona esa atención enfocada. Tus ojos se relajan y pasas a ser consciente de la gran amplitud del espacio mental que tienes ante ti. Considera que estás contemplando el universo, con una gran relajación interna.

Alterna algunas veces entre estos dos tipos de atención aplicada a tu espacio mental, la enfocada y la global.

Las tres prácticas que se acaban de describir (atención a los sonidos, atención a la respiración, atención al espacio mental) pueden realizarse consecutivamente; entonces constituyen una progresión desde el enfoque en elementos externos hasta el enfoque en componentes internos, pasando por el enfoque en la respiración, que une el mundo externo con el interno. Se obtiene, con ello, una relajación del espacio mental que es muy apropiada como introducción a prácticas meditativas más exigentes.

El cultivo de la atención desemboca en una práctica más avanzada: la **concentración**. ¿Eres capaz de mantenerte concentrado en algo durante unos minutos? En un objeto, o en un pensamiento acerca de un aspecto de tu vida, o en una música que estés escuchando; en lo que sea. La concentración es la práctica de enfocarse en algo, estar atento durante un rato y distraerse, estar atento y distraerse... Decide concentrarte en una pieza musical de cierta extensión y complejidad, por ejemplo, y en un momento dado tu pensamiento se irá con otra cosa. No pasa nada; vuelve a enfocarte en la música. Tu pensamiento se volverá a ir; cuando te des cuenta de que esto ha ocurrido, vuelve a llevarlo a la pieza musical.

La tercera fase es la contemplación, que es lo mismo que la concentración, pero sin que se produzcan distracciones. Incluye dos grandes niveles, la contemplación superficial y la contemplación profunda.

En la **contemplación superficial**, no nos distraemos con pensamientos ajenos al objeto de concentración, pero efectuamos interpretaciones en relación con aquello en lo que estamos enfocados. Por ejemplo, si estamos centrados en una rosa, no nos distraemos con pensamientos del ámbito laboral, pero sí efectuamos consideraciones acerca de la rosa: su belleza, su color, etc. Si estamos escuchando una pieza musical, nuestros pensamientos no se van con otra cosa, pero sí los tenemos en relación con esa pieza. El mundo emocional y mental interfieren; escuchamos la música a través del filtro de nuestro sistema de creencias, el cual determina nuestros gustos y las emociones que puedan suscitarse.

En la **contemplación profunda**, vemos la rosa que tenemos delante y escuchamos la pieza musical sin que medie el pensamiento y sin que interfieran emociones vinculadas con ningún sistema de creencias. Estamos plenamente presentes con la experiencia en sí. La contemplación profunda está al alcance de muy poca gente todavía.

Práctica

CONCENTRACIÓN EN UNA VELA

Enciende una vela y disponla de tal manera que quede a la altura de tus ojos, unos dos palmos delante de ti. Enfócate en la vela, en posición sentada. Tu objetivo es llegar a estar presente con la vela solamente.

Al principio te verás invadido por multitud de pensamientos. Regresa a la vela cada vez que te des cuenta. A continuación, empezarás a pensar acerca de la vela: acerca de los colores de la llama y el tamaño de esta, acerca de si se mueve o permanece quieta, acerca de la parte de la llama que eliges mirar exactamente... Elige cualquier punto de la llama para enfocar la atención, incluso puedes ir cambiando de punto, pero evita cada vez más que el proceso del pensamiento interfiera. Date cuenta de que respiras y céntrate enteramente en la llama. Eres un proceso de respiración que está enfocado en una llama. Permite que la llama te imbuya cada vez más y que te lleve más allá de los procesos mentales.

Progresando por las fases mencionadas, llega el momento en que se puede experimentar el *samadhi*, que es la desaparición de la autopresencia de la mente, según la definición que ofrecen los *Yoga sutras* de Patanjali. La mente concreta, que ha tenido una función en las fases anteriores, cada vez más sutil, acaba por quitarse totalmente de en medio en este estadio. En la fase de la atención la mente tenía que estar atenta, en la de la concentración tenía que enfocar el pensamiento, en la de la contemplación nos llevaba a estar presentes, pero ahora, sencillamente, deja de estar.

En el lenguaje cristiano, el *samadhi* recibe el nombre de *éxtasis*; es el éxtasis de santa Teresa de Jesús y de san Juan de la Cruz, quien escribió un poema titulado *Éxtasis de alta contemplación*, en el que afirma: «Entreme donde no supe y quedeme no sabiendo, toda ciencia trascendiendo».

El *samadhi* tiene distintas fases, como el denominado *samadhi* con semilla y el *samadhi* sin semilla, y nos da la posibilidad de situar nuestra consciencia, a voluntad, en el plano que queramos (astral, mental, etc.). A partir de la experiencia del *samadhi*, la persona puede moverse libremente por estos planos, con la misma desenvoltura con la que nos movemos la mayoría por el plano físico. Gracias a los individuos que los han explorado nos ha llegado el conocimiento de muchas de sus características.

El desarrollo de las experiencias de *samadhi* acaba por conducir al **nirvana**, un estado de paz infinita en el que cesan las percepciones.

Práctica

ENTRE ACTIVIDADES

La forma ideal de proceder con la mente concreta es aplicarla con atención a las actividades que tengamos entre manos. Ahora bien, hay abundantes momentos en los que no estamos ejecutando una actividad concreta. Son las ocasiones en que hemos acabado una actividad y nos disponemos a emprender otra, o en que nos tomamos un descanso, o en que experimentamos una interrupción, o en que aparece algún imprevisto. En estas ocasiones somos especialmente vulnerables a la divagación mental.

Para evitar que estos espacios nutran tu desatención, intenta hacerte consciente de todos los momentos en los que empiezas o finalizas una actividad, o en los que esta se ve interrumpida. No permitas que haya un «corte» entre lo que estabas haciendo y lo nuevo que se presenta. Fluye de una cosa a otra igual que el agua fluye de los rápidos de un río a un remanso, o igual que pasas de una habitación a otra por medio de una serie de pasos. En estos ejemplos, no hay una interrupción súbita de la dinámica de los hechos, sino que se produce un flujo natural de una situación a la siguiente. Del mismo modo, intenta afrontar tu día a día como una única gran secuencia en la que van ocurriendo distintas cosas.

Ten preparadas unas respuestas mentales para los momentos en los que no estés centrado en ninguna actividad. Esencialmente, tienes tres opciones:

1. Permanecer atento a lo exterior. Esta respuesta es especialmente pertinente si vas a abordar otra actividad de inmediato. Eres consciente de cómo pones fin a lo que estabas haciendo y de los movimientos físicos y mentales que te ponen en contexto para lo siguiente.
2. Autoobservarte. Si vas a estar un tiempo sin aplicar la mente a nada concreto, tienes la opción de dedicar unos instantes o unos minutos a observar cómo se encuentran tus cuerpos del cuaternario inferior.
3. Reflexionar. Si tienes una mayor cantidad de tiempo disponible, lee o reflexiona acerca de alguna cuestión transcendente.

Lo importante es que se reduzcan al mínimo las ocasiones en las que la mente concreta vaya lanzando pensamientos automáticos por su cuenta. Como en el caso de los otros cuerpos del cuaternario inferior, tú debes tomar el mando.

CONFÍA EN LA VIDA

Se proponen a continuación varias prácticas para fomentar la confianza en la vida.

Práctica 1: Besa los sapos

No, no te estoy proponiendo que vayas al campo, tomes un sapo en tus manos y lo beses. Estoy hablando de los sapos en sentido metafórico, pero con fundamento. Porque el sapo se ha utilizado con frecuencia, en los cuentos de distintas culturas, como sinónimo de lo feo e indeseable... que, si es besado, se convierte en algo hermoso (un príncipe o una princesa, más concretamente). Conviene entender el sapo como todo aquello que aparece en nuestra vida que rechazamos mentalmente por parecernos doloroso o desagradable (una enfermedad, el fallecimiento de un ser querido, un problema económico, etc.). Pero la confianza en la vida nos indica que besemos el sapo, es decir, que abracemos y nos hagamos nuestro aquello que nos ocurra que la mente tilde de inconveniente o fatídico. Entonces revelará el don que tiene para nosotros.

Para poder besar el sapo, ten presente que la confianza en la vida ha sido ponderada por todos los instructores espirituales que han venido en diversas épocas a refrescar la memoria a la humanidad, entre ellos el maestro Jesús, que la expresó con esta imagen: «Ni un pelo de tu cabello se cae si no es por la voluntad del Padre». Con estas palabras, Cristo Jesús nos estaba indicando que absolutamente nada de lo que ocurre en nuestra vida es casual, sino que todo ello tiene un sentido, tiene un porqué y un para qué. Reflexiona acerca de cómo los terremotos y temblores que han sacudido tu vida han tenido como objetivo impulsar tu crecimiento en consciencia; puede ser que te hayan hecho comprender ciertas realidades de carácter espiritual o que hayan asentado en ti unas nuevas actitudes. Date cuenta de que la confianza en la vida conlleva este convencimiento profundo: *todo tiene su sentido*.

Práctica 2: Céntrate en cómo vives el qué

El qué son las distintas cosas que ocurren en nuestra vida, las que planeamos hacer, etc. La inercia de la mente concreta es estar siempre pendiente del qué. A medida que vas cultivando la confianza en la vida, vas teniendo claro que lo que sea que ocurra tiene un sentido en clave de tu proceso consciencial y evolutivo. Puede ser que percibas este sentido o que no lo hagas, pero hay algo más importante que las vueltas que le des al asunto en tu cabeza: el cómo, es decir, la forma en que vives el qué.

Todos sabemos de personas que han afrontado enfermedades muy graves, incluso terminales, con una postura de paz, de armonía, de equilibrio; y conocemos a personas que sobrellevan muy mal cualquier tipo de enfermedad: con impaciencia, con enojo, con la sensación de que la vida es injusta. Te invito a que tomes como modelo al primer tipo de personas. Vive todo lo «desagradable» que aparezca en tu vida en clave de armonía, de paz, de equilibrio, sabiendo que tiene un sentido. Ten siempre muy presente que es mucho más importante, para tu evolución en consciencia, la forma en que te tomas todo lo que te ocurre que los sucesos en sí. A partir de la actitud mencionada, intenta sacarle el jugo al mensaje que contienen las experiencias, especialmente aquellas que te producen algún tipo de impacto.

Práctica 3: Deja de ver problemas y pasa a ver experiencias-oportunidades

En nuestra vida no paran de ocurrir cosas. Cuando no estamos en la clave de la confianza en la vida, aquellos hechos que nos incomodan o suponen un inconveniente para nosotros los denominamos *problemas* a partir del juicio que hace de ellos la mente concreta: la mente interpreta que eso ha sobrevenido por casualidad o debido a la mala suerte, y a partir de ahí se lamenta y se queja. Pues bien, te invito a que, a partir de anclarte en la clave que es la confianza en la vida, dejes de ver problemas y pases a ver solamente, en su lugar, *experiencias-oportunidades*. La confianza en la vida impulsa nuestro convencimiento de que absolutamente todo lo que nos ocurre, desde lo más pequeño hasta lo más grande, tiene su sentido en clave de nuestra evolución. Entonces, ¿qué problema podría haber nunca? Lo que hay en cualquier caso son retos que nos invitan a adoptar una postura interna de mayor vibración que la que adoptaríamos si no tuviésemos la mencionada confianza. Si adoptamos dicha postura de mayor consciencia, hemos dado un pasito más en la dirección de nuestro desarrollo espiritual.

Observa además que cuando la mente piensa en clave de problemas convierte en un problema incluso la molestia más insignificante. Si concebimos una escala de magnitud para los problemas y otorgamos el valor 10 a los más graves y el valor 1 a los más intranscendentes, lo que hace la mente si no tiene problemas de gran magnitud es elevar la importancia de un problema menor para que pase a constituir todo el centro de su preocupación; así, si el mayor problema que tiene en un momento dado la persona es objetivamente de nivel 4, pasa a otorgarle el valor 10 para que ocupe prácticamente todo su espacio mental.

Todo esto ocurre porque el solo hecho de concebir, a partir de la desconfianza en la vida, que hay problemas, hace que nosotros nos encojamos frente a los mismos; nos empequeñecemos, mientras que los problemas se agrandan. Hay infinidad de individuos que, pensando que están rodeados de problemas, realmente van por la vida como Gulliver cuando está en el país de los gigantes, como liliputienses. En cambio, en el mismo momento en que pasamos a considerar que los problemas no existen y que lo que hay en su lugar son experiencias-oportunidades, nosotros nos hacemos grandes y lo que antes era un problemón pasa a ser una circunstancia que podemos dominar. Entonces, la práctica que aquí se propone es en realidad un nuevo enfoque para ir por la vida. Pruébalo, constata su funcionamiento y adóptalo, en adelante, con todas las circunstancias que anteriormente te habrían superado, agobiado o molestado.

Capítulo 11

DE LA MENTE CONCRETA A LA MENTE ABSTRACTA

UNA NUEVA ETAPA EN LA HISTORIA DE LA HUMANIDAD

De la misma forma que la consciencia de cada uno de nosotros ligada a la autoconsciencia de nuestra alma individual va evolucionando a través de reencarnaciones, la humanidad también va evolucionando a través de reencarnaciones que dan lugar a sucesivas humanidades. En *La doctrina secreta* de H. P. Blavatsky y en otras obras se habla de que en la Tierra deben vivir siete humanidades en total, denominadas *razas raíces*, cada una de las cuales tiene a su vez siete subrazas. La primera raza raíz que habitó en nuestro mundo fue la preetérica, la segunda la hiperbórea, la tercera la lemur, la cuarta la atlante, y la quinta somos nosotros. Después de nosotros, aún deberán vivir dos humanidades más en este planeta.

Cada raza raíz, empezando por la primera, ha desarrollado bien un componente de la constitución septenaria, y ha empezado a desarrollar otro para que sea consolidado por la siguiente raza raíz. Por ejemplo, la raza atlante heredó los componentes que ya existían en las razas anteriores y surgió en ella uno nuevo que tendría que ser bien desarrollado y consolidado por la siguiente: la mente concreta. Nosotros, la quinta raza, hemos tenido que ocuparnos de ello, y lo hemos hecho a la perfección; yo incluso diría que demasiado, pues hemos llegado al punto de creer que todo debe ser comprendido por la mente concreta, por la denominada *razón*, que en realidad es tremendamente irracional. Asimismo, nos corresponde empezar a desarrollar la mente abstracta, que será consolidada por la sexta raza raíz.

Cuando lleguemos a la séptima y última raza raíz tendremos realmente un ser humano pleno que vivirá desde su espíritu, desde Atma, desde donde dirigirá tanto los otros componentes de la tríada superior como, por supuesto, los componentes perecederos del cuaternario inferior.

LA MENTE ABSTRACTA Y EL YO SUPERIOR

Aunque la mente abstracta pertenezca al plano mental, presenta unas singularidades que hacen que las tradiciones espirituales y conscienciales que han hablado de la constitución septenaria la hayan incluido más en el ámbito de nuestra tríada imperecedera (nuestro Yo Superior) que en el de nuestro cuaternario perecedero.

Para facilitar la comprensión de este asunto, voy a hacer un símil. Imagina la parte perecedera del ser humano como un edificio constituido por varias plantas: la planta baja corresponde al cuerpo físico denso, el primer piso al cuerpo físico etérico, el segundo piso al cuerpo emocional, y el tercer piso al plano mental inferior. Este edificio está coronado por una azotea, que corresponde al plano mental superior. La azotea forma parte de la construcción del edificio en el ámbito de la biología, en la línea de la evolución física del organismo humano descrita en el capítulo 2; pertenece al cerebro complejo del que está dotado el ser humano. Pero ocurre que dicha azotea no supone solamente la culminación del edificio, sino que es también el espacio en el que aterriza nuestra dimensión álmica y espiritual en su proceso de envolvimiento con la materia.

El plano mental superior es la sede de la mente abstracta. Estrictamente, pertenece al ámbito del cuaternario perecedero, pero al aterrizar ahí nuestro Yo Superior, se constituye el denominado *cuerpo causal* (del que hablaremos en el siguiente capítulo) y la mente abstracta queda incorporada al Yo Superior. De cualquier modo, tiene que haber un punto de conexión entre el nivel mental inferior y superior, o, lo que es lo mismo, entre la mente concreta y la mente abstracta. Este punto de conexión es, a la vez, el enlace entre el cuaternario perecedero y la tríada imperecedera. Lo analizaremos en detalle cuando hablemos de *antahkarana*.

A partir de lo descrito, gracias al lugar que ocupa la mente abstracta y a los vínculos que tiene establecidos con las dos partes de nuestra naturaleza (la mortal y la inmortal), podemos percibir de entrada que esta mente tiene un papel fundamental a la hora de que podamos reconocer, desde nuestra posición como seres encarnados, nuestra realidad esencial e integrarnos con ella. O, lo que es lo mismo, tiene un papel definitivo en nuestro proceso de crecimiento espiritual y desarrollo consciencial.

En el plano mental superior, que aloja la mente abstracta, ya no pensamos «acerca de» las cosas, sino que entramos en conexión directa con la esencia de lo que percibimos, y creamos y actuamos a partir de ahí.

El nivel mental superior es también la fuente de la autoconsciencia o capacidad de reconocerse a sí mismo como centro de consciencia. Es decir, gracias a este nivel reconoces que existes, que eres, como una identidad permanente que no varía, mientras los hechos y las circunstancias de tu vida y del mundo se caracterizan por el cambio constante.

Este reconocimiento es posible porque el nivel mental superior es la sede del alma individual, la cual supone una evolución respecto al alma grupal, característica de los animales y las plantas.

LA MENTE CONCRETA Y LA MENTE ABSTRACTA

Es sencillo que podamos percibir en nuestra vida la presencia de estos dos niveles. La mente concreta, que, como hemos visto, constituye el aspecto mental del cuaternario inferior, es la que nos permite manejarnos en lo cotidiano, en el día a día. Es la mente tridimensional que algunos psicólogos dicen que está ubicada en el hemisferio izquierdo del cerebro. La otra, la mente abstracta, dicen que está ubicada en el hemisferio derecho, y está enfocada en otras cuestiones, de índole transcendente (como las que se mencionan, próximamente, en el apartado «Espiritualidad, filosofía y ciencia»).

En el capítulo 9 veíamos que la mente concreta, aun cuando es un magnífico ordenador de última generación, no era apropiada para cuatro funciones que en realidad son una sola: comprender, entender, ver y vivir la vida. La que sí está preparada para abordar este enfoque es la mente abstracta.

Contrariamente a la mente concreta, la mente abstracta no se fija en lo particular; se fija en lo general para después llegar a lo particular, con el fin de que podamos actuar con mayor capacidad, con mayor conocimiento, con mayor discernimiento, sobre lo concreto.

En el caso de la inmensa mayoría de la gente, la presencia o el protagonismo de la mente concreta es enorme; la tienen activa el 90 %, el 95 %, el 99 %, el 99,99 % o incluso el 100 % del tiempo de vigilia. En efecto, la mayoría de personas dan muy poca importancia a las cuestiones transcendentes en su día a día.

Una mente abstracta desarrollada posibilita la conexión con nuestra parte eterna y, por eso, conviene potenciarla. Con este fin, debemos reducir el porcentaje de tiempo que dedicamos a los asuntos de la mente concreta y aumentar el porcentaje de tiempo que dedicamos a los asuntos de la mente abstracta.

Aplicar las estrategias que se exponían en los dos capítulos precedentes destinadas a calmar y silenciar la mente concreta es una buena forma de hacer que esta pierda protagonismo; paralelamente, se pueden aplicar otro tipo de estrategias con el fin de desarrollar y expandir la mente abstracta y para que la mente concreta quede a su servicio de la manera más eficaz posible. Veremos varias de ellas en este capítulo.

ANTAHKARANA

Mucha gente me pregunta cómo puede conectar con su ser interior. La pregunta en sí es absurda, porque ¿qué sentido tiene que uno quiera conectar con lo que ya es? Lo que demuestra esta pregunta es que la persona está hablando identificada con el coche y quiere conectar con el Conductor que verdaderamente es. Pero ¿cuándo se ha visto que un coche (un automóvil) conecte con el conductor? Siempre ocurre lo contrario; es el conductor el que entra en el vehículo, se sienta y lo pone en marcha. Para ello, hace uso de la llave de contacto; este es el instrumento de conexión.

El coche (el cuaternario inferior) tiene que estar en la mejor forma posible, y a ello hemos dedicado los capítulos anteriores; pero para que lo que realmente eres tome el mando consciente del coche, tienes que sentarte en el asiento del piloto y darle a la llave de contacto.

Resulta sin embargo que la «llave de contacto», o punto de conexión, está en embrión en la mayoría de los seres humanos, con lo cual no hay manera de que el Yo Superior tome el mando de la vida de las personas. Es un trozo de hierro que está en la ferretería, por decirlo de algún modo, y hay que darle la forma de la llave.

En sánscrito existe una palabra para designar el punto de conexión al que estoy haciendo referencia: *antahkarana*. Algunos textos, muy anteriores a Jesús de Nazaret, nos dicen que *antahkarana* es como un punto que está cerrado, y que lo que tenemos que hacer es abrirlo como si fuera un cáliz para posibilitar que lo que realmente somos, nuestro Yo Superior, se desparrame hacia nuestro yo inferior.

En otras palabras: el punto de conexión debe abrirse, expandirse, desarrollarse.

Fíjate que, en la metáfora que hemos desarrollado, el punto de contacto está en el coche, por más que sea el Conductor el que deba darle a la llave. Y, efectivamente, *antahkarana* es una parte del *manas* inferior o cuerpo mental. Ahora bien, encontrándose ahí, permanece ajeno a las operaciones de la mente concreta. Se conserva puro y está vinculado con el aspecto mental superior; constituye una especie de puente entre ambos niveles.

Antahkarana solo se halla activo y funciona de puente en esos momentos en los que el *manas* inferior aspira a unirse con el *manas* superior. Y todo el destino de la encarnación de un ser humano depende de si la activación de *antahkarana* se produce o no, y de si es lo bastante potente como para sacarlo del influjo y el peso de *käma-manas*. Es así como en toda persona que tiene cierta madurez espiritual se mueven dos fuerzas contrapuestas que ejercen su influencia sobre *manas*: la naturaleza kamásica (*käma*) y *antahkarana*. Como afirmó H. P. Blavatsky, la primera tiende hacia abajo, hacia los deseos y pasiones animales; y la segunda gravita hacia Buddhi, el alma universal.

Al inicio del ciclo de reencarnaciones en el plano humano, la atracción hacia *käma* es muy fuerte y la inteligencia manásica solo está al servicio de la satisfacción de los deseos del cuaternario perecedero. Con el devenir en la cadena de vidas y por las experiencias desarrolladas, la consciencia comienza a desenvolverse, lo transcendente y espiritual va tomando cuerpo en la vida de la persona, se avanza en la construcción y activación de *antahkarana*, la influencia de lo superior (el alma humana) en los principios y vehículos inferiores se hace cada vez más patente y, finalmente, *manas* extiende su consciencia hacia Buddhi.

Cuando el *manas* inferior se une al superior, estamos ante una persona sabia y virtuosa. Y, como se verá más adelante, cuando *manas* se une a Buddhi, la consciencia experimenta una transformación y se torna divina.

No obstante, antes de que la unión mencionada pase a ser permanente en la persona, se vive de forma temporal. En la literatura teosófica se llama *manas-taijasa* a este estado provisional de unión entre Buddhi y *manas*. En palabras de Blavatsky, *manas-taijasa* es la razón humana encendida por la luz del espíritu; y Buddhi-*manas* es la relevación de lo divino más el intelecto y la autoconsciencia humanos.

Pero nada de esto es posible si no se potencia *antahkarana*; este es el factor que permitirá que las cualidades álmicas vayan teniendo cada vez mayor presencia y protagonismo en la vida de la persona. Y *antahkarana* se desarrolla por medio de la orientación de la mente inferior hacia lo transcendente, en el sentido amplio del término. Esta orientación cristaliza como la reflexión, el estudio y el trabajo perseverante en relación con todos aquellos temas que van más allá de los aspectos materiales del día a día y tienen que ver con las grandes cuestiones de la existencia, desde una perspectiva espiritual, filosófica o científica. En definitiva: *antahkarana* se desarrolla por medio del cultivo de la mente abstracta.

ESPIRITUALIDAD, FILOSOFÍA Y CIENCIA

Como apuntaba al principio de este capítulo, la humanidad actual ha desarrollado tremendamente la mente concreta y muy poco la mente abstracta. Aun así, ha dado algunos pasos en este sentido, y lo ha hecho, fundamentalmente, de la mano de la espiritualidad, la filosofía y la ciencia. Porque es en estos ámbitos en los que el ser humano se hace las preguntas de tipo transcendente: ¿quién soy?, ¿de dónde vengo?, ¿adónde voy?, ¿qué es la vida?, ¿qué es la muerte?, ¿qué es la divinidad?, ¿qué es la existencia?, ¿qué es el universo?

Una persona en cuya vida esté presente la espiritualidad se hace las grandes preguntas relativas a la esencia y el sentido de la vida y de su propia existencia. Una persona a quien le interese la filosofía también está indagando en este tipo de cuestiones. Y la ciencia es el otro campo en el que se están buscando respuestas a las grandes preguntas; por ejemplo, los astrofísicos que están mirando el universo y se están preguntando acerca del *big bang*, de las galaxias y del principio del cosmos están indagando sobre el origen de la vida.

Es curioso que, teniendo un mismo tronco común, la espiritualidad, la filosofía y la ciencia hayan estado a la greña; cada uno de estos ámbitos ha querido tener el monopolio de la verdad, y esto ha provocado un alejamiento entre ellos. Afortunadamente, esta situación de desconfianza mutua está empezando a arreglarse. Ha sido muy importante al respecto que la ciencia, con sus avances, se esté dando cuenta de que hay afirmaciones ancestrales del ámbito de la espiritualidad que se están revelando como ciertas. Por ejemplo, la ciencia ya se ha dado cuenta de que la principal característica de la materia es la insustancialidad. Y, prácticamente sin quererlo, la ciencia se ha metido en el ámbito de la consciencia cuando se ha dado cuenta de que lo observado depende del observador. Asimismo, las personas que hacen afirmaciones en el ámbito de la espiritualidad tienen cada vez más interés en que estas cuenten con cierto respaldo científico, para no quedar inmediatamente desacreditadas.

Está claro que no hay ninguna razón por la que la espiritualidad, la filosofía y la ciencia deban permanecer enfrentadas, pues en el fondo trabajan por un mismo objetivo. Llegará un momento en la historia de la humanidad en que cesarán por completo los enfrentamientos y se producirá la síntesis entre los tres ámbitos.

LA PUESTA EN PRÁCTICA

El desarrollo de la mente abstracta es un componente fundamental dentro del objetivo que es el conocimiento de uno mismo, y requiere dedicación. No basta con prestarle atención un ratito un día dado, sino que hay que cultivarla todos los días, con perseverancia.

Tenemos varias maneras de relacionarnos con las grandes preguntas a las que hacía mención. Podemos hacerlo por medio de leer libros, ver documentales o asistir a talleres o charlas que aborden esas temáticas. Todo lo que tiene que ver con la ciencia (la física, las matemáticas, etc.) en cuanto herramienta de conocimiento fomenta la mente abstracta, y también lo hacen en cierta medida las películas de ciencia ficción, que nos llevan a pensar más allá del sota, caballo y rey de las actividades materiales. La música clásica y el ajedrez son otros ámbitos en los que la mente abstracta se ve estimulada.

Desde tiempos antiguos se nos enseñó la importancia que tienen las tertulias para desarrollar la parte más noble del ser humano. Actualmente están muy en desuso, pero te animo a que fomentes un espacio de este tipo. Por ejemplo, puedes reunirte regularmente con un grupo de personas de mentalidad suficientemente afín. Como sugerencia, podéis poneros de acuerdo en leer en vuestras casas un capítulo de un determinado libro de filosofía o espiritualidad, y hacer una puesta en común cuando os encontréis. En cada ocasión, una persona distinta puede hacer una pequeña presentación del capítulo para abrir el coloquio. Esta es una forma maravillosa, amigable y divertida de desarrollar la mente abstracta.

En el contexto de familiarizarse con contenidos de tipo espiritual, conviene tener en cuenta la actitud adecuada para abordarlos. Es fácil encontrar contradicciones entre ellos, reales o aparentes, y desorientarse. No es saludable creer a pies juntillas lo que afirme una determinada tradición, tendencia o persona sin aplicar ningún espíritu crítico, pero tampoco lo es desistir del aprendizaje a causa de lo que encontremos que, al menos en apariencia, «no encaje» (con nuestros preconceptos o con otras doctrinas). Con el tiempo, a medida que vayamos adquiriendo madurez espiritual y anclándonos en los componentes superiores de nuestra naturaleza, iremos ganando en discernimiento, como veremos en los últimos capítulos de este libro. En el proceso hasta llegar ahí, es importante que aparezca la duda cuando estamos evolucionando en consciencia. Ahora bien, hay que diferenciar entre la duda pasiva y la duda activa. La duda pasiva es la que nos paraliza, la que nos frustra, la que nos detiene en nuestro proceso de crecimiento. En cambio, la duda activa es la que nos lleva a hacernos preguntas, a indagar, a querer aprender, a querer saber, a querer discernir para seguir avanzando de la mejor manera posible. La duda activa nos impulsa en el proceso de búsqueda y es muy importante en el desarrollo de la mente abstracta. Quien no tiene ninguna duda sin haber desarrollado formas superiores de entrar en contacto con el conocimiento está, en realidad, abducido o robotizado, y no cuenta con el necesario espacio de libertad interior imprescindible para desarrollar las capacidades de pensamiento y percepción más elevadas.

Además de los comportamientos y actividades mencionados hasta aquí, en varios de los cuales la duda tiene su papel, contribuyen al desarrollo de la mente abstracta prácticas espirituales ancestrales que afortunadamente se han puesto de moda en Occidente, a veces vestidas con otros nombres: el silencio, la atención, la atención plena (más conocida como *mindfulness*), la concentración, permanecer en el aquí y ahora, la meditación. Hablábamos de ellas en el capítulo anterior.

Hay otro tipo de prácticas, de profundo calado devocional, que cabe plantearse si estimulan la mente abstracta. Estoy hablando de prácticas como la liturgia de las horas (oraciones en horas establecidas) en el ámbito de los monasterios cristianos, la recitación de mantras en los monasterios budistas, o el hecho de dedicar plenamente a Alá todo lo que se hace (en el ámbito místico sufí, dentro del islam). La respuesta es no y es sí. De entrada, todo lo que tiene que ver con la devoción se mueve en el ámbito puramente emocional; ahora bien, si esas prácticas se viven de forma plena, ocupan toda la mente, lo cual hace que lo divino absorba e integre todo el pensamiento y todo el día a día de la persona. En este caso el pensamiento permanece centrado en lo que está más allá de lo concreto, en lo absoluto y radicalmente transcendente, y esto implica un desarrollo de la mente abstracta. Ejemplos de personajes que cultivaron la mente abstracta por este medio son Rumi e Ibn Arabi en el ámbito del sufismo, o san Juan de la Cruz en el ámbito del cristianismo. Ahora bien, si el enfoque emocional en lo divino se ve contaminado por cuestiones materiales o del ámbito de la mente concreta (posicionamientos políticos o ideológicos, etc.), no tiene lugar un desarrollo de la mente abstracta por esta vía; es más, es fácil que tengan lugar actuaciones radicales o poco compasivas que nada tengan que ver con el verdadero crecimiento espiritual.

¿CÓMO PUEDES TENER LA SEGURIDAD DE QUE TE ENCUENTRAS EN EL ÁMBITO DE LA MENTE ABSTRACTA?

La mente abstracta empezamos a desarrollarla desde la mente concreta, gracias al punto de conexión que conecta ambas (*antahkarana*). Por tanto, es lógico que al inicio del proceso la mente concreta se pregunte cómo puede distinguir si es ella la que está presente o si la persona se encuentra en el ámbito de la mente abstracta.

Sí, el solo hecho de que te estés haciendo la pregunta indica que es la mente concreta la que está ahí presente. Tal vez ha estado ahí todo el rato, o tal vez estabas enfrascado en la mente abstracta y ha asomado la mente concreta para hacer la pregunta. En realidad, no podemos saber que estamos en la mente abstracta como respuesta a una pregunta mental, sino que lo percibimos de manera directa, por intuición; sencillamente lo sabemos.

En cualquier caso, cuando empiezas a andar el camino espiritual, lo que tienes que plantearte es si lo que estás abordando con tu mente son cuestiones eminentemente prácticas, de tu día a día (que tienen que ver con la familia, las relaciones, la economía, el trabajo, etc.), o si son cuestiones que tienen que ver con lo que está más allá de lo inmediato. En el primer caso, estás utilizando la mente concreta para resolver temas o «problemas». Estás utilizando la mente abstracta, sin embargo, cuando te estás planteando temas como los siguientes: qué puedes hacer para tener una vida más plena, cómo puedes ser realmente tú, cómo puedes vivir en consciencia, cómo puedes encontrarte con lo que realmente eres, qué sentido tiene la experiencia difícil por la que estás atravesando, qué es en realidad la «muerte», qué habrá sido de un ser querido que acaba de fallecer... Cuando estás atravesando un mal momento, te quedas en el ámbito de la mente concreta cuando crees que las circunstancias mandan y piensas y actúas a partir de ahí, pero navegas por la mente abstracta cuando te pones a indagar acerca del sentido que tiene eso en tu vida, o cuando buscas aprovechar la oportunidad para conocerte más a ti mismo y avanzar hacia una mayor plenitud. También entras en el ámbito de la mente abstracta cuando, aunque todo te está yendo estupendamente según los criterios que usa la sociedad para evaluar el éxito en la vida, experimentas sin embargo una especie de vacío existencial y sientes que la vida tiene que ser otra cosa, que tiene que ser «algo más», y te pones a investigar al respecto, con tu propia mente y ayudándote de herramientas pertinentes (libros, vídeos, conversaciones, etc.).

Para sintetizar, podemos decir que en el ámbito de la mente concreta te ocupas solamente de las cuestiones del día a día, mientras que cuando te encuentras en el ámbito de la mente abstracta indagas acerca de cuestiones que tienen que ver con tu verdadera naturaleza o con la naturaleza de la realidad. Esta indagación se materializa como una búsqueda de tipo transcendente y unos nuevos intereses, unas nuevas actitudes y unos nuevos comportamientos coherentes con dicha búsqueda.

Lo que, en primera instancia, te conduce a interesarte por el desarrollo de la mente abstracta es el acopio de tus experiencias vitales. El cúmulo de nuestras vivencias va impulsando nuestra autoconsciencia, hasta que llegamos al punto de sentir que el camino por el que íbamos no nos valía o no nos satisfacía, independientemente de cuáles fuesen nuestras circunstancias externas.

Mencionaré un factor más que permite diferenciar ambas mentes: con la mente concreta vemos el mundo de las formas, de las apariencias. En cambio, con la mente abstracta nos vamos dando cuenta de que hay una esencia detrás de las apariencias, y empezamos a percibirla. En el ámbito de la ciencia, permanecemos en la mente concreta si nos limitamos a analizar los componentes materiales y a trabajar sobre ellos, y estamos en la mente abstracta si percibimos que hay otra realidad detrás de la aparente, una esencia, e indagamos al respecto. Ambas posturas tienen su lugar, pues se han conseguido grandes avances con el trabajo científico sobre lo concreto, pero solo la segunda nos sitúa en la esfera del desarrollo consciencial. Desde luego, científicos como Albert Einstein, Max Planck, Peter Higgs o Nikola Tesla usaron la mente abstracta, porque se preguntaron acerca de lo que está más allá y, a partir de ahí, imprimieron avances fundamentales en el conocimiento que actualmente tenemos de la denominada *realidad*.

EL CULTIVO DE LA MENTE ABSTRACTA NO IMPLICA EL «SACRIFICIO» DE LA MENTE CONCRETA

A raíz de lo comentado hasta aquí, es necesario hacer una reflexión importante. Puede parecer que rebajo la importancia de la mente concreta en relación con la abstracta y podría interpretarse que estoy proponiendo potenciar esta última en detrimento de la primera. Es cierto que hay que derivar parte de la enorme cantidad de tiempo que estamos con la mente concreta para tener la oportunidad de desarrollar la mente abstracta, pero esto no significa en modo alguno que debamos rechazar la primera o dejar de utilizarla. Al contrario: debemos partir de la idea de que el desarrollo de la mente abstracta constituye la mejor forma de sacarle partido a la mente concreta.

Ocurre que cuando vamos expandiendo la mente abstracta, la mente concreta se va convirtiendo en un instrumento de lo que realmente somos. En cambio, si no desarrollamos la mente abstracta, la mente concreta está totalmente en manos de los componentes de nuestro yo inferior, de nuestra personalidad, y no va más allá de los pensamientos generados por estos componentes y por las influencias del entorno. Esto la mete en un callejón sin salida, lo cual es especialmente evidente cuando se presenta alguna dificultad que implica alguna cuestión de tipo existencial: una mente concreta que no reciba la influencia de la mente abstracta va dando vueltas en círculos a los mismos pensamientos de tipo pesimista, sin encontrar ninguna respuesta ulterior. Es la mente que, típicamente, se pregunta «¿por qué me ha pasado esto a mí?», pero sin ningún afán de hallar una verdadera respuesta, sino para manifestar una queja. En cambio, cuando empezamos a desarrollar la mente abstracta, la mente concreta no es que se diluya, sino que, estando ahí, se convierte en un poderoso instrumento a nuestro servicio. En el caso de una «desgracia», por ejemplo, puede proceder de formas constructivas y con mayor claridad a partir de los estímulos existenciales que le brinde la mente abstracta. O, por poner otro tipo de ejemplo, un científico que se haya planteado en profundidad cuál es la naturaleza del universo podrá fecundar su mente concreta con la labor de abstracción que haya realizado al respecto para que dicha mente plasme en una fórmula matemática lo que la mente abstracta haya intuido o percibido.

En definitiva: es importante que nos demos cuenta de que la mente concreta no es mala en sí. De hecho, es maravillosa. Ocurre solamente que, cuando no está al servicio de lo que realmente somos, mantiene una relación endogámica con nuestra personalidad y opera en una especie de círculo vicioso. En cambio, cuando desarrollamos la mente abstracta, la mente concreta pasa a ser un instrumento que está al servicio de nosotros mismos y de todo lo que la mente abstracta pone en marcha.

Práctica

CALCULA TU «TIEMPO DE POSESIÓN»

Una de las informaciones que se ofrece en los partidos de fútbol televisados es el porcentaje del tiempo de posesión del balón por parte de los dos equipos. Evalúa tú también, al final del día, qué porcentaje de tiempo has dedicado a utilizar la mente concreta y qué porcentaje has dedicado a utilizar la mente abstracta.

Para la mayor parte de la humanidad, el tiempo de posesión de la mente abstracta es prácticamente cero, como hemos visto. Pasan los días sin que asome una sola cuestión de tipo trascendente en la mente de la mayoría de las personas. Están tan sumergidas en los avatares de la vida cotidiana que no son capaces de dedicar un segundo de atención a aquello que constituyen nutrientes para el alma. En el capítulo 4 veíamos lo importante que es nutrirse consciencialmente con el fin de tener una presencia consistente en el plano de luz y forjar el carácter espiritual. El cultivo de la mente abstracta, junto con el desarrollo de las virtudes álmicas, ofrece dichos nutrientes. Por tanto, ve incrementando el «tiempo de posesión del balón» por parte de la mente abstracta, por el bien de tu desarrollo consciencial y de tu evolución espiritual.

UNA LLUVIA SAGRADA

Cuando desarrollamos y expandimos la mente abstracta y debido a esto se abre y expande el puente que es *antahkarana*, no solo estamos conectando las dos mentes, el *manas* superior con el *manas* inferior, sino que también estamos conectando el Yo Superior con el cuaternario inferior (el Conductor con el coche), para que el Conductor tome el mando del coche.

Cuando *antahkarana* se abre, el Yo Superior «llueve» sobre el yo físico, mental y emocional. Empieza a llover todo lo que somos como alma humana, como Buddhi y como Atma. Es decir, llueven sobre nosotros las cualidades que somos de forma imperecedera.

Cuando esta lluvia empieza a caer, no lo advertimos durante un tiempo. Hemos pasado un verano muy largo y una gran sequía, porque hemos estado muy identificados con el coche y desconectados del Conductor que somos. Y el terreno estaba tan seco, tenía tanta necesidad de agua, que la absorbe y si siquiera nos damos cuenta. Pero una vez que *antahkarana* se ha abierto y se sigue desplegando, la lluvia sigue cayendo; y poco a poco la «tierra» (el cuaternario inferior) se va empapando, y los signos de ello son cada vez más evidentes.

La mente concreta empieza a verse afectada, de tal forma que en esta empiezan a aparecer pensamientos de mayor calidad, de una frecuencia vibratoria más elevada. También nos damos cuenta de que empiezan a tener más presencia en nosotros las emociones de alta gama. De forma natural, nuestros pensamientos, emociones, inclinaciones, preferencias, gustos y comportamientos se van sutilizando progresivamente. Incluso el cuerpo físico se ve beneficiado.

Algo muy importante que se experimenta es una sensación cada vez mayor de *gracia*, término cristiano que incluye la bienaventuranza, la paz interior, la tranquilidad y el sosiego; esta sensación es, concretamente, una de las grandes aportaciones de Buddhi o el alma universal. Y por parte del alma humana, que está alojada en el cuerpo causal, van llegando una serie de cualidades que tienen que ver con la bondad, la compasión, el altruismo, la cooperación, la solidaridad, la generosidad, el compartir. Todo nuestro mundo emocional y mental, egoico, va diluyéndose como consecuencia de la presencia, de la fuerza, de lo que realmente somos, que llega a nosotros a través de *antahkarana*.

La lluvia que se está describiendo impulsa, igualmente, la confianza en la vida, tema que se trató con profusión en capítulos precedentes. La mente abstracta, como sí tiene la capacidad de ver la vida, nos muestra que esta merece nuestra confianza, lo cual nunca es posible desde la mente concreta. Cuando nos damos cuenta de que vale la pena confiar en la vida, desaparecen nuestros comportamientos basados en el instinto de conservación, y no solo eso, sino que, además, pasamos a vivir la vida de una forma radicalmente distinta. En su poema *Noche oscura del alma*, san Juan de la Cruz nos dice que las noches oscuras son la espoleta que permite que la amada se transforme en el Amado. Es decir, las noches oscuras posibilitan que vivamos la floración, la transformación de la divinidad que hay en nosotros. Después, uno pasa a vivir la vida cotidiana en coherencia con dicha transformación. Hay que recordar que ese poema termina diciendo: «el rostro recliné sobre el Amado, / cesó todo y dejeme, / dejando mi cuidado / entre las azucenas olvidado». El fin del cuidado no significa que haya que empezar a castigar al cuerpo; al contrario, el cuerpo es el templo del Espíritu, y por supuesto debemos «cuidarlo». Pero ya no andamos por la vida «con cuidado»; porque sabemos que las experiencias que nos llegan en la vida son las que nosotros mismos estamos generando desde nuestro ser íntimo más profundo. Sabemos, siempre desde la mente abstracta, que todo lo que la vida nos presenta está en función de nuestro crecimiento personal, de nuestro desarrollo en consciencia y de nuestra evolución espiritual.

Otro gran regalo que nos brinda la «lluvia» que cae desde el Yo Superior es, en términos sánscritos, *viveka*. La traducción más correcta al castellano es 'discernimiento'. Aprendemos a discernir lo que es real de lo que no lo es, pero no intelectualmente, sino como una plena certeza. Gracias al desarrollo de la mente abstracta y a la influencia directa de nuestro Ser, pasamos a sentir como verdades las realidades espirituales de las que antes habíamos oído hablar, o sobre las que habíamos leído. Tal vez habíamos querido creerlas, pero hasta que no llega el discernimiento no pasan de ser meras creencias, actos de fe. Con la llegada del discernimiento, sin embargo, se asientan en nosotros como vivencias y certezas.

EL FIN DE LA BORRASCA

Al final del capítulo 8 se habló de la conveniencia de guardar en un cajón una borrasca emocional intensa, hasta poder contar con las herramientas conscienciales necesarias que nos permitiesen abordarla. Y ponía el ejemplo concreto de la madre que ha perdido a su hijo a una edad temprana.

Guardar la borrasca en el cajón significa olvidarnos, provisionalmente, de lidiar con ella. Es decir, aceptamos su presencia, su fuerza y su influencia, y no la desafiamos frontalmente. Sabemos que no hay ningún mecanismo de distracción o autoengaño que pueda acabar con ese sufrimiento, de manera que no nos forzamos a «estar mejor». ¿Qué hacemos pues? Utilizar la borrasca como factor de impulso para preguntarnos lo que antes no nos preguntábamos, plantearnos cuestiones que antes no nos planteábamos, acercarnos a personas a las que antes no nos acercábamos, ver vídeos y películas que antes no veíamos, leer libros que antes no leíamos, etc. Es así como nos vamos a otro plano, el mental, y empezamos a cultivar la mente abstracta.

Yo mismo me he visto en la situación de acompañar a una madre que había perdido a su pequeño hijo. En cuanto a la mente concreta, hay que aconsejar a las personas que están viviendo una situación tan dura que la tranquilicen, la acallen, la pongan en su sitio. Recuerda que la mente concreta no sirve para comprender la vida; entonces, solo podrá lanzar pensamientos repetitivos, confusos y llenos de desolación. La persona que está viviendo algo así debe limitarse a aplicar la mente concreta a aquellas tareas para las que es apropiado el uso de esta mente. Y, por otra parte, hay que decir a la persona, a esa madre por ejemplo, que desarrolle al máximo la mente abstracta, con el fin de que se abra y expanda al máximo su cáliz que es *antahkarana*, y finalmente «llueva» sobre ella el discernimiento.

En el caso de la madre del ejemplo, tendríamos que decirle que la muerte no existe, que es un imposible, un fantasma de la imaginación humana, que hay vida más allá de la vida. Y tendríamos que aconsejarle que leyese libros y viese películas y documentales de temática espiritual; también que conversase con gente y acudiese a grupos afines a esta temática, no para que se creyese todo lo que escuchase, sino para ir desarrollando la mente abstracta. Así lo hice con esa madre, y llegó el día en que obtuvo el discernimiento. Antes de ese momento, me había escuchado con lágrimas en los ojos, queriendo creer que su hijo estaba realmente vivo, pero sin asumirlo en realidad. Pero cuando le llegó el discernimiento, sencillamente supo que eso era así; lo percibió, sintió y vivió muy claramente.

Cuando contamos con el discernimiento, ya podemos acudir de nuevo al mundo emocional, abrir el cajón y sacar la borrasca. Ocurrirá que la borrasca se disolverá sin más, de forma natural. En el caso concreto de esa madre, el hecho de darse cuenta de que la muerte no existe acabó con su borrasca, puesto que dejó de estar justificada. Gracias al discernimiento, también supo acerca del pacto de amor que la unía con el que había sido su hijo, por el cual habían decidido, antes de encarnar, que él moriría a edad temprana con el fin de provocar un terremoto existencial en ella que la sacase del sota, caballo y rey de la vida cotidiana, la abriese a las cuestiones espirituales e impulsase su evolución consciencial.

El fin de la borrasca no significa que nos insensibilicemos. Por más que el discernimiento tenga el efecto de equilibrar y armonizar en gran medida el mundo emocional, es muy humano echar en falta a los seres queridos que ya no están entre nosotros.

A veces echo de menos a mi padre y a mi madre, pero el recuerdo que tengo de ellos no está asociado a ninguna borrasca emocional, porque sé que están vivos. Sé que estuvieron aquí el tiempo que tuvieron que estar, para vivir las experiencias que debían vivir. Ahora bien, eran muy béticos, e íbamos al fútbol juntos en ocasiones, y a veces tengo recuerdos o veo lugares en los que compartimos vivencias en relación con esta afición, y puedo sentir cierta añoranza, pero en ningún caso una borrasca. Es más, gracias al discernimiento, sé algo muy importante: que como siguen vivos, me acompañan. Es verdad que no voy al fútbol con ellos, y que antes hacía con ellos cosas que ahora no puedo hacer, pero también es verdad que ahora mis padres serían muy mayores y no podrían acompañarme en mis viajes, pero como han desencarnado y están en el plano de luz, resulta que me acompañan desde ese plano. Esta feliz circunstancia compensa con creces la añoranza que pueda sentir.

Práctica

CULTIVA LA MENTE ABSTRACTA

- Para fomentar la reflexión, tómate tiempo para leer libros, ver películas y asistir a conferencias y charlas de temática espiritual. Sé crítico con los contenidos con los que te encuentres; siente cómo resuenas con ellos y lo que te dice el corazón cuando percibes contradicciones reales o aparentes entre los mensajes. Remítete a ti mismo: a partir de los contenidos que absorbas, haz tus propias reflexiones acerca de cuestiones transcendentes.

- Con el tiempo, aborda de forma cada vez más sistemática el estudio de la literatura espiritual. Profundiza en el sentido de la existencia y de tu vida en particular. Intenta captar por ti mismo las leyes y principios que rigen sobre la vida y la Manifestación en general, como la impermanencia, o la causa y efecto. No te quedes en el plano intelectual; intenta percibir cómo estas leyes y principios operan en ti en este momento.

- Sé profundo en relación con tu vida y tus circunstancias: ¿cuál crees que es, en líneas generales, el plan de tu alma? ¿Qué encaje tuvieron en tu devenir vital experiencias de tu pasado que te desconcertaron en un primer momento? ¿Qué significado crees que puede tener lo que sea que estés afrontando en este momento? ¿Qué dirección sientes que te impulsa a tomar?

- Ama el silencio. Busca espacios de silencio en los que observarte atentamente a ti mismo y en los que realizar introspección. Seguro que la gran maestra que es la vida te ha traído alguna situación o circunstancia con el fin de que descubras o afrontes partes de ti que están en la sombra. La receta universal de afrontamiento de las partes de nosotros mismos que menos nos gustan es abrazarlas con compasión.

- Para percibir el valor del silencio, elige una pieza de música clásica, familiarízate con ella y percibe después, expresamente, el inmenso significado que tienen los silencios que jalonan el despliegue musical. Si estás muy atento, te darás cuenta de que los silencios tienen la misma textura y el mismo contenido emocional que la música que los rodea. La Sinfonía núm. 9 de Beethoven es una obra excelente para efectuar esta práctica.

- Haz el esfuerzo de vivir según lo que descubras y aprendas a partir de la ejercitación de la mente abstracta.

Tercera parte

LA TRÍADA SUPERIOR

Capítulo 12

EL CUERPO CAUSAL

FUNCIONES Y CARACTERÍSTICAS

El cuerpo causal, siendo uno, tiene varias funciones. Las principales son tres. Enunciadas de forma sintética, son las siguientes:

- Es el componente de la triada o Yo Superior en el que está anclada la mente abstracta. De hecho, la mente abstracta es indiscernible del cuerpo causal, ya que este se compone de materia tenue (o energías de alta frecuencia) pertenecientes al plano mental superior.

- Aloja la mónada diferenciada como entidad individual, es decir, el alma humana, proyección del alma universal y una en ese espacio superior del plano mental, que está llamada a crecer en autoconsciencia a lo largo de sucesivas encarnaciones.

- Y en él se preservan las tendencias y las causas que acompañan al alma individual de una reencarnación a otra y que, tarde o temprano, se convierten en efectos en el mundo externo y visible. De ahí, precisamente, el nombre que se suele dar a este cuerpo.

Implícita a estas funciones está la característica del cuerpo causal de que permanece y se desarrolla en el curso de las sucesivas encarnaciones. Por este motivo, san Pablo se refirió a él como el «cuerpo incorruptible». Entre cada encarnación, habita en el plano de luz junto con los otros dos componentes de la tríada superior.

No obstante, dado que su composición es material, por sutil que sea, el cuerpo causal no es eterno: permanece a lo largo de todo el periplo de la evolución humana, pero es desechado una vez que esta ha culminado, pues la individualidad a la que está asociado deja de tener sentido en estadios más avanzados.

Al comienzo del discurrir de las encarnaciones en el plano humano, el cuerpo causal es pequeño y casi incoloro, similar a una burbuja o a una delicada película. Pero va aumentando de tamaño y adquiriendo un mayor colorido de forma muy progresiva, a medida que se van registrando en él los efectos de nuestros buenos pensamientos, sentimientos y acciones en el curso de nuestras encarnaciones. Como veíamos en el capítulo 4, el cultivo de la mente abstracta y las virtudes álmicas cuando estamos en el plano terrestre es imprescindible para tener una presencia consistente en el plano de luz y poder desplegar allí unas vivencias que, a su vez, van a impulsar nuestro proceso evolutivo en las próximas encarnaciones. En ese capítulo también hablábamos de que las personas somos una especie de «inversión» efectuada por el Yo Superior o Conductor con el fin de obtener un rédito consciencial. Si «rendimos poco», el Yo Superior obtendrá poco «capital» y, por tanto, contará con poca «liquidez» para desarrollar experiencias de alta calidad. Ahora bien, debemos concebirnos como una inversión a largo plazo, que puede tener ciclos malos pero al final acaba por ofrecer un gran rendimiento. Y así se refleja, directamente, en el cuerpo causal. Cuando alcanzamos el estadio de una visión no egoísta o impersonal del mundo, las vibraciones de este cuerpo se presentan a la visión clarividente como colores luminosos; entonces, este vehículo se convierte en un brillante globo de luz, lleno de radiantes rayos de amor y sabiduría.

Volviendo a las funciones del cuerpo causal, y puesto que se habló exhaustivamente de la mente abstracta en el capítulo anterior, a continuación me extenderé exclusivamente en las otras dos funciones mencionadas. Solo añadiré el dato de que en cada nueva encarnación el desarrollo de la mente abstracta arranca en el punto y grado alcanzado en la vida anterior. Como veíamos, llega el punto en que esta mente alcanza tal grado de desarrollo que empiezan a «llover» cualidades del Yo Superior sobre el cuaternario perecedero, lo cual marca un punto de inflexión determinante: aquel por el que el Conductor toma, por fin, el mando del coche.

EL VEHÍCULO DEL ALMA HUMANA

El cuerpo causal es el vehículo por medio del cual la autoconsciencia o Individualidad (también denominada *alma*) se expresa en el mundo a través de una serie de personalidades, en el transcurso de una cadena de vidas o reencarnaciones.

Como vimos en el capítulo 2, la Mónada homogénea logra diferenciarse por medio de Buddhi, en cuyo seno surgen, primero, las almas grupales. Cuando llegan a desarrollarse organismos capaces de albergar un nivel de inteligencia suficiente, el contacto de Buddhi con su plano mental provoca el surgimiento del alma individual, que queda alojada en el cuerpo causal. Posteriormente, como veíamos en el capítulo 4, el alma proyecta una parte de sí misma, una especie de rayo, en el cuaternario perecedero, lo cual le permite tener experiencias en los planos más densos. El resto del alma permanece «a salvo» en el cuerpo causal, el cual tiene una vibración tan elevada que no puede ser afectada por los factores densos del ámbito del coche.

El alma va ganando en autoconsciencia a lo largo de su proceso evolutivo, a medida que se va desidentificando de los elementos físicos y kamásicos y, por tanto, del cuaternario inferior, el yo personal y la personalidad. Como ocurre con el grado de desarrollo de la mente abstracta, el grado de autoconsciencia del alma en cada nueva encarnación parte igualmente del nivel logrado en la vida precedente. Este grado de desarrollo es también muy diferente en cada ser humano; en la persona común es todavía bajo, y esto ha llevado a algunos autores a afirmar que no todos los seres humanos tienen alma. Esto no es cierto; todos los seres humanos la tienen. Otra cosa es el grado de autoconsciencia que haya alcanzado.

La autoconsciencia tiene un punto de partida elemental: un grado de raciocinio suficiente que nos permite identificarnos como sujetos en el mundo. A partir de ahí, vamos ganando en autoconsciencia a medida que nos reconocemos en los demás, en que nos hermanamos con las otras formas de vida y en que reconocemos algunos patrones fundamentales, como las relaciones de causa y efecto y el perfecto orden cósmico. Al final, acabamos sintiendo que estamos indisociablemente ligados a algo mucho más grande; percibimos con toda claridad que nuestra naturaleza es divina y es la misma que subyace en todo lo demás. Por tanto, ganar en autoconsciencia significa avanzar en el reconocimiento y la vivencia de nuestra propia divinidad, o, mejor expresado, de la divinidad en nosotros.

Paradójicamente, y contrariamente a lo que percibe nuestro ego, no somos más autoconscientes cuanto más nos afirmamos como entes separados. Esta percepción nos hace dependientes de unos vehículos que van a disolverse y, por tanto, es errónea y no nos lleva a ninguna parte. Somos más autoconscientes cuanto más reconocemos que somos una expresión de la Mónada o Espíritu. Ahora bien, la Mónada no se expresa a través de nosotros exclusivamente, sino también a través de todo lo demás. Por tanto, reconocernos como ella implica inmediatamente reconocernos como uno con todo lo Manifestado.

El reconocimiento de nuestra unidad inmanente con toda la Vida va asociado con unas actitudes muy conocidas y practicadas en el ámbito del budismo, siendo la compasión la más emblemática. Reconocemos que todas las formas de vida tienen el mismo anhelo de paz y plenitud que nosotros mismos y, por tanto, procuramos actuar en sinergia con ellas y beneficiarlas en lugar de quitarles algo para nuestro presunto beneficio.

Veíamos en el capítulo precedente que, cuando se abría *antahkarana* en nosotros, llovían las cualidades del Yo Superior sobre la personalidad, y mencionábamos varias de las cualidades que procedían, concretamente, del alma humana: la bondad, la compasión, el altruismo, la cooperación, la solidaridad, la generosidad y el compartir. Vivir según estas cualidades significa cultivar en la práctica nuestro sentimiento de interconexión y reverencia por la Vida (que Albert Schweitzer, premio Nobel de la Paz en 1952, situó con razón en el eje de cualquier ética que lo sea de verdad), lo cual acabará por conducirnos a comprensiones y conexiones de naturaleza aún más transcendente, vinculadas ya con Buddhi y Atma.

Es difícil exponer prácticas propiamente dichas en el ámbito de la tríada superior, porque cuando hemos llegado a estos niveles es el Yo Superior el que, al llover sobre la personalidad, se hace cargo de los procesos. El solo hecho de abordar prácticas en relación con la tríada superior implica una presencia activa de la personalidad, la cual ama las prácticas, pues le encanta la sensación de progreso, de elevación, de conseguir cierta supremacía. Cuando hayas entrado en contacto con tu alma, deja que sea ella la que lleve la batuta y la que te indique a cada momento qué comportamientos debes tener y, si hace falta, que te indique la manera de contrarrestar los probables boicots que intentarán llevar a cabo tus componentes perecederos en su intento de recuperar el poder.

Antes de abordar las prácticas que se proponen a continuación tituladas «Cultiva las cualidades del alma humana» e «Incorporar cualidades presentes en los demás» cuestiona muy bien qué te impulsa a realizarlas. Son ejercicios excelentes para el desarrollo de cualidades que tenemos reconocidas pero que sentimos que nos cuesta incorporar; ahora bien, es esencial que nuestra motivación sea un tipo de emoción interna que nos haga desear el mayor bien para la Vida. No lleves a cabo estas prácticas si detectas que tu motivación es la envidia o la codicia espiritual; en este caso, en lugar de ello, trabaja con tu cuerpo emocional con el fin de podar estas pretensiones de baja gama.

CULTIVA LAS CUALIDADES DEL ALMA HUMANA

Como se decía en el capítulo 8, la forma de cultivar las cualidades álmicas es aspirar a ellas y aplicar la Voluntad para hacer que sean una realidad en nuestra vida. El siguiente ejercicio no puede sustituir una labor tan esencial; constituye un mero refuerzo.

Esta práctica de cultivo de las cualidades del alma humana consta de dos fases. En la primera, elige una cualidad del alma (compasión, generosidad, altruismo, empatía, valor, etc.) y analiza tus sentimientos y comportamientos en relación con ella. Por ejemplo, si la cualidad que decides analizar es la generosidad, plantéate primero en qué ámbitos la estás manifestando: ¿estás siendo generoso contigo mismo solamente? ¿Con los seres más allegados? ¿Con los amigos más próximos? ¿Con el conjunto de tus amigos? ¿Con los desconocidos? ¿Con las otras formas de vida?

Una vez que hayas visto claro hasta dónde llega tu grado de generosidad y hayas decidido que, definitivamente, quieres potenciar esa cualidad, empieza la segunda fase de la práctica.

En postura de meditación, concéntrate en la contraparte etérica del corazón, que está situada sobre el órgano, medio centímetro por encima del cuerpo físico. Accede a ese espacio como si entrases en la sala luminosa de un templo y visualiza cómo te sientas ahí con actitud meditativa o de oración.

Instalado en ese lugar, percibe el sentimiento que expresa la cualidad elegida y permite que te embargue completamente. Si te resulta difícil, remítete a tu alma. Puedes visualizarla como una luz resplandeciente y pedirle que te inspire en relación con esta cualidad. Puedes decirle, por ejemplo: «Alma mía, permíteme sentir el sabor de la generosidad e inspírame para manifestarla en mi vida».

Al cabo de un rato, deja de centrarte en la cualidad y permanece abierto a recibir cualquier otra posible influencia (inspiración, estado de ánimo...) procedente de tu parte espiritual. Si no percibes nada más, no te preocupes. Finaliza dando las gracias y manifestando tu compromiso en relación con la expresión de la cualidad que ha sido tu objeto de meditación. Pide a tu parte espiritual que esté a tu lado dándote fuerzas, inspiración y coraje para que puedas hacer realidad este compromiso. Bajo el influjo del alma, las cualidades se expresarán dentro de un equilibrio, en los momentos y de las formas apropiadas.

Evita convertir esta práctica en un ejercicio intelectual que lo único que haría sería asentar en ti una nueva creencia. Por ejemplo, si llegas a la conclusión «he sido un tacaño y voy a dar limosna en todas las ocasiones a partir de ahora», no habrás hecho más que sustituir un sistema de creencias por otro. Hay personas que tienen decidido de antemano que nunca van a dar limosna, por una serie de motivos bien argumentados. Hay otras que tienen decidido de antemano que siempre van a dar limosna, por otra serie de motivos bien argumentados. En mi caso, no puedo decirte si voy a dar o no limosna en una situación dada. Cuando me encuentre junto a la persona, procuraré sentirla y actuaré según lo que sienta en lo profundo en ese momento.

En el contexto de la práctica descrita, puedes reconocer por ejemplo que has evitado dar limosna de forma sistemática, abrirte a la posibilidad y entrar en contacto con tu alma para que te oriente en estas situaciones. O bien puedes reconocer que has estado dando limosna con el fin de quedar bien, y no movido por un verdadero sentimiento. En ambos casos necesitas entrar en contacto con el verdadero sentido de la generosidad a partir de la conexión con tu alma.

Práctica

INCORPORAR CUALIDADES PRESENTES EN LOS DEMÁS

El objetivo de esta práctica de introspección es ayudarte a incorporar cualidades álmicas que sientas poco desarrolladas en ti a partir de su manifestación en los demás, por el bien de la evolución cósmica. Los seres humanos no somos esencialmente distintos entre nosotros, de manera que todo aquello que vemos resplandecer en alguien está también en nosotros, al menos en potencia.

Céntrate en cómo una persona manifiesta, de forma admirable según tu percepción, una cualidad álmica específica. Visualiza a esa persona expresando esa cualidad y procura experimentar el sentir asociado con esa manifestación. A continuación, siéntete dentro del cuerpo de esa persona visualizada; de pronto eres tú. ¿Cuál es tu estado interior, el origen de tus actos?

Al cabo de unos momentos, abandona la visualización y quédate con esa sensación, con ese sabor. Establece la firma intención de manifestar esa cualidad en tu vida.

Práctica

REFLEXIÓN PARA ALIMENTAR LA HUMILDAD

Hasta estadios muy avanzados está presente el riesgo de que el ego se apropie de cualquier logro. Especialmente cuando entramos en contacto con las cualidades del Yo Superior, es fácil que el ego acuda después de una experiencia espiritual para afirmar que «él» la ha tenido. Ve con muchísimo cuidado cuando digas que «tú» has tenido una experiencia de este tipo. ¿Quién está hablando ahí? Te aseguro que la parte de ti que tuvo una experiencia importante no tuvo ninguna sensación de «yo» en el momento de tenerla. ¿Quién ha acudido después a apropiársela?

Digo todo esto porque el orgullo espiritual es una trampa con la que hay que tener mucho cuidado una vez que hemos recorrido los primeros tramos del sendero. Autoobsérvate en relación con él a menudo, y lleva también a cabo la siguiente reflexión.

Piensa en personas que manifiesten cualidades netamente espirituales pero que en ningún caso se definirían como individuos espirituales: personas que donan sus órganos y su sangre, personas muy desprendidas, personas que manifiestan una gran ética, personas que arriesgan su vida por los demás sin pensarlo, etc., pero que puede ser que nieguen a Dios o que, como mínimo, se manifiesten agnósticas. Tú, que crees que eres espiritual, ¿llegas a su altura en diversos aspectos? ¿No? Entonces, ¿qué tipo de espiritualidad profesas? ¿Y qué tipo de ateísmo manifiestan esas personas?

Los sistemas de creencias pueden arrojar un velo sobre personas muy evolucionadas que disimule su altura espiritual por largo tiempo. También pueden arrojar un velo sobre personas menos evolucionadas para hacerles creer que «son alguien» en el ámbito espiritual. Date cuenta de que todos tus juicios y apreciaciones son inútiles en este ámbito. Un acontecimiento impactante puede tanto convertir en creyente al ateo como convertir en ateo al presunto creyente. Lo único relevante es cómo está cristalizando la evolución en nosotros momento a momento y, para eso, debemos dejar de pensar en el grado de «evolución espiritual» que podamos tener nosotros... y el que puedan tener los demás. Si las comparaciones son de por sí odiosas, en este ámbito son completamente inadmisibles.

LAS RELACIONES DE CAUSA-EFECTO Y EL KARMA

Podemos comparar nuestra existencia física con un árbol que es plantado con la intención de que dé fruto. Las experiencias que desarrollamos son el agua y el abono que recibimos, si bien en última instancia depende de nosotros acoger el agua y el abono como nutrientes. Si despreciamos y desperdiciamos estos regalos, creceremos poco, y no daremos el fruto apetecido. En cambio, si aprovechamos al menos algunas de nuestras experiencias para aprender y evolucionar en consciencia, daremos algunos frutos.

Si nos nutrimos convenientemente por medio de generar pensamientos, sentimientos y actos de perfil superior a partir de nuestras experiencias, no es el cuaternario perecedero el que estamos alimentando en última instancia, pues su destino es la disolución. Estamos alimentando el cuerpo causal. Los frutos de cada vida son registrados y guardados en el cuerpo causal en forma de conocimientos y capacidades, que son absorbidos en él después de la muerte del cuerpo físico y de la disolución de nuestros vehículos etérico, emocional y mental. El tamaño del cuerpo causal aumenta de resultas de ello, y también lo hacen su brillo y consistencia.

Solo lo bueno, verdadero y bello entra en el cuerpo causal, porque sus vibraciones son tan sutiles que no responden a lo que es grosero, falso o feo. Por tanto, este cuerpo no puede tener nunca una vibración negativa. Ahora bien, su grado de consistencia y brillantez es muy variable, en función del alimento consciencial que haya recibido.

Es así como los pensamientos, sentimientos y actos que hemos vivido por medio de nuestros cuerpos inferiores a lo largo de nuestra cadena de vidas o reencarnaciones determinan la cualidad vibratoria del cuerpo causal. Y las «carencias vibratorias» de este cuerpo reflejan, entre otras cosas, los efectos de los pensamientos, sentimientos y actos que no han estado en armonía con el propósito evolutivo de lo Manifestado.

Regresando a la analogía del árbol, pongamos por caso que hemos dado muy poco fruto en una encarnación dada, lo cual ha tenido sus consecuencias: alguien «invirtió» en nosotros y no ha visto satisfechas sus expectativas, y hay menos fruta disponible como alimento en general, para el conjunto de la Vida. Además, al haber renunciado a crecer fuertes y sanos, hemos sido invadidos por hongos y plagas, y constituimos una mala influencia para los árboles circundantes. Entonces, se acerca el jardinero, evalúa nuestra situación y considera qué puede hacer para que nos pongamos bien y demos fruto la próxima temporada: ¿darnos más agua, menos agua? ¿Cambiar el tipo de abono? ¿Cambiar la tierra? ¿Trasplantarnos? Haga lo que haga el jardinero, dependerá de nosotros querer dar fruto y aprovechar todos los recursos que invierta nuestro cuidador en favor de nuestro crecimiento y desarrollo.

Nuestro «mal estado de forma» es una consecuencia; y, a la vez, es la causa de lo que deberemos vivir a continuación. Todas las vivencias que se nos presenten estarán destinadas a darnos la oportunidad de restablecer el equilibrio en nosotros mismos y en relación con el conjunto de la Creación. Las medidas que adopte el jardinero por nuestro bien pueden hacernos sentir mal mientras no alcancemos la comprensión: el nuevo abono puede parecernos muy fuerte, la nueva tierra puede parecernos extraña, y si somos trasplantados podemos sentirnos desarraigados. En el proceso andaremos despistados y tendremos más vivencias desafortunadas, hasta que por fin comprenderemos qué se espera de nosotros, estaremos en armonía con ello y ofreceremos el fruto esperado, para goce propio y de la Manifestación en su conjunto.

Las relaciones de causa y efecto, que constituyen, en realidad, nuestro motor evolutivo, han sido muy estudiadas en todas las corrientes espirituales y aparecen bien reflejadas en los principios herméticos. Es lo que se denomina *karma* en lenguaje oriental.

El karma implica que cuando hacemos algo originamos una causa que tiene unos efectos, que pueden manifestarse a corto, medio, largo o larguísimo plazo. Estos últimos no se plasman, o no se plasman enteramente, en la vida actual, sino que lo harán en la siguiente. Entre vidas, las causas latentes quedan almacenadas en el cuerpo causal. No afectan a la existencia dichosa que lleva el Conductor en el *devachán*, pero se incorporarán en la nueva personalidad que tome este en la nueva encarnación.

El karma es más conocido por los efectos que recibimos como consecuencia de los comportamientos que hemos tenido con los demás. En la anterior analogía del árbol, si bien induzco un perjuicio en el conjunto por el solo hecho de evitar dar fruto, es evidente que el perjuicio es mucho mayor si favorezco la extensión de unas plagas que pueden afectar la salud y la producción de los demás árboles. Por tanto, las medidas que deberá adoptar el jardinero deberán ser también más drásticas. A menudo, debemos recibir «una buena dosis de nuestra propia medicina» para darnos cuenta de que hay unos comportamientos que son estériles e inapropiados, e irnos encaminando hacia otras formas de proceder.

Se suele hablar de karma positivo y negativo, en relación con el carácter altruista o egoísta de nuestras obras, pero esta distinción se debe a la forma de operar de la mente, que está basada en la dualidad. En realidad, el karma siempre es positivo. La raíz de la palabra *karma* significa 'creatividad' en sánscrito. El karma es creativo porque todo tipo de efectos constituyen un regalo para nosotros, una nueva oportunidad de crecimiento.

El objetivo del karma no es castigar, lastrar o importunar al ser humano, sino hacerle tomar consciencia de que los comportamientos materialistas aparecen siempre vinculados con el sufrimiento, de una forma u otra; y que los comportamientos verdaderamente altruistas aparecen vinculados con la dicha. Si el ser humano no tuviese la oportunidad de efectuar esta toma de consciencia, estaría permanentemente bajo las garras de la mente concreta y no dejaría nunca de buscar la felicidad en la tierra estéril de la materia; además, no dejaría de hacer la zancadilla a otros seres humanos y retrasaría la evolución consciencial de estos. Tienen que ir pasando cosas que nos lleven a girar la mirada hacia nuestros componentes imperecederos; cuando ocurre esto, el *manas* superior puede prevalecer y las cualidades álmicas pueden empezar a manifestarse. Expresado de otra manera, la Mónada necesita completar su viaje evolutivo por medio de reconocer su divinidad en autoconsciencia, y la afinidad sempiterna con la materia no le daría esta oportunidad.

Las experiencias «fuertes»

Hay efectos que parecen karmas tremendos, pero tienen todo su sentido en el devenir consciencial del ser humano. Como bien dijo Helena Blavatsky, en esta vida no solo nos estamos jugando esta encarnación, sino también las siguientes. Nuestra futura cadena de encarnaciones depende del jugo que estemos sacando a nuestras experiencias aquí y ahora. Si el Yo Superior no está sacando partido a su «inversión» en la personalidad, deberá tomar medidas. Entonces se diseñan, en el plano de luz y previamente a la encarnación, experiencias que van a tener un gran impacto para la próxima personalidad, con la intención de dar inicio por fin al camino de la evolución consciente hacia la «transformación en Dios».

Los mal denominados *errores*

El hecho de «cometer errores», sufrir sus consecuencias, reconocerlos y subsanarlos constituye una dinámica evolutiva fundamental. Cualquier «error» no es tal; es una apreciación defectuosa de una situación debida al grado de desarrollo consciencial alcanzado, y una respuesta acorde con dicha apreciación defectuosa. «Reconocer un error» significa que nos damos cuenta de que la respuesta que dimos no estuvo a la altura de la situación, y vemos cuál habría sido una respuesta más afinada. Esta «respuesta más afinada» corresponde a un nivel consciencial superior al que nos hizo «equivocarnos». Y así vamos avanzando por el camino de la autoconsciencia. Cuando en el desempeño de la persona abundan los pensamientos, sentimientos y actos virtuosos, se genera una especie de «superávit kármico», que se traducirá en menos experiencias de dolor y más vivencias del tipo que la mente considera «agradables».

No te preocupes pues por lo que has estado considerando tus «errores». En su bellísima canción *Bendición de tu madre*, Snatam Kaur afirma: «Recordando a Dios, todos los errores son purificados». Es decir, nos damos cuenta de lo que han aportado a nuestra vida, y entonces los vemos bajo una nueva luz.

Práctica

INTEGRAR LOS «ERRORES»

Al integrar en el plano de luz las experiencias vividas en el plano físico nos damos perfecta cuenta de que los errores no existen; todo lo que hubo fueron una serie de situaciones y acciones que se sucedieron como una cadena de causas y efectos, y el resultado general fue un incremento de la autoconsciencia. También muchas personas que han tenido una experiencia cercana a la muerte han visto el conjunto de su vida en un *flash* y se han dado cuenta de que todo tuvo su sentido en ella: unos sucesos condujeron a otros, y estos a otros, y queda claro el porqué y el para qué de todo ello. Esta experiencia ha colmado de agradecimiento por todo lo vivido a las personas que la han tenido, y las ha imbuido de una gran paz.

Ahora que aún estás en la tierra, haz un alto en el camino. Dedica una sesión de introspección a reparar en los acontecimientos más importantes de tu vida. Fíjate especialmente en lo que consideras que fueron tus errores.

Date cuenta de que es ahora cuando hablas de que cometiste esos errores; en el momento en que realizaste esos actos, no considerabas que fuesen erróneos. Esos actos fueron la opción más elevada que contempló tu mente a partir de tu estado de consciencia del momento, tu visión de la vida en esos tiempos, tu forma de ser en esa etapa. Las consecuencias de esos actos te ayudaron a crecer, fueron un impulso en tu desarrollo consciencial, y precisamente por eso puedes valorar, ahora, que fueron errores. Observa cómo tu respuesta a una situación dada condujo a otra situación, y después a otra... Date cuenta, sobre todo, de adónde te han conducido los presuntos errores que has cometido, de lo que has podido construir a partir de ellos. Finalmente, haz un balance general y toma consciencia de lo fundamental que has aprendido. Da las gracias.

Capítulo 13

BUDDHI

PRESENTACIÓN

En las etapas anteriores a la humana, antes de la aparición de la autoconsciencia, la evolución es guiada desde afuera por agentes externos. Y la vida, incorporada en formas variadas, no es capaz de cooperar conscientemente con esos agentes externos.

Al aparecer la autoconsciencia, que marca el nacimiento del alma humana y la formación del cuerpo causal, se le abre al alma la posibilidad de participar en su propio desarrollo. No obstante, en las primeras etapas, esta cooperación es apenas nominal y la evolución continúa guiada en gran medida desde el exterior.

Solo cuando el alma ha alcanzado ya un grado suficiente de desarrollo y madurez puede tomar parte activa e inteligente en su propio desarrollo y cooperar con aquellas fuerzas que están presionándola a evolucionar. Durante mucho tiempo aprendemos esencialmente por ensayo y error, hasta que nos damos cuenta de que «no estamos solos», sino que la Vida conspira en favor de nuestra evolución y nos proporciona todas las herramientas que necesitamos al respecto. Poco a poco vamos comprendiendo la necesidad de adoptar ciertas actitudes y comportamientos, y de perseverar en ciertas prácticas. Todo ello estimula la mente abstracta y refuerza el papel del alma en nuestra vida.

Cuando hacemos uso de la mente abstracta y reflexionamos acerca de cuestiones transcendentes, o cuando cavilamos para encontrar la solución a un problema de vida, o cuando nos planteamos cuál puede ser el comportamiento más adecuado en una situación dada, no acudimos a estos recursos mentales porque nos encanten en sí mismos, sino porque esperamos algo de ellos: que nos aporten soluciones y respuestas. Anhelamos comprensión.

Si el *manas* superior fuese el plano de las respuestas, las obtendríamos en el momento en que entramos en contacto con él. Pero esto no es así. La reflexión es un camino, un medio, pero no es el destino. El destino se halla más allá: en Buddhi, el primer plano en el que acontece la diferenciación de la Mónada, y sede del alma universal.

Cuando reflexionamos es como si realizásemos un viaje a través del océano del *manas* superior hasta llegar a la ribera que es Buddhi. En el momento en que alcanzamos la comprensión, ya no estamos reflexionando —ya no estamos navegando—. El instante de la comprensión es un momento de cese de toda actividad mental en el que, sencillamente, nos damos cuenta de algo.

Es esta sabiduría alojada en Buddhi la que anhelamos. El cultivo de la mente abstracta y el hecho de vivir según las cualidades álmicas nos remite tantas veces a este espacio que al final acabamos por sentirlo como nuestro verdadero hogar. Entonces es más fácil que la comprensión acuda directamente, sin tener que pasar por todo el proceso. Nos convertimos en personas intuitivas.

La cualidad de la intuición es la más emblemática entre las que nos aporta Buddhi, como se manifiesta en el hecho de que el cuerpo búddhico es conocido también como *cuerpo intuicional*. Pero debemos a Buddhi cualquier grado de comprensión, incluso antes de que emprendamos el camino espiritual. Buddhi capacita a la consciencia para funcionar de muchas maneras que aquí abajo, en los campos de la mente, parecen diferentes entre sí. Estas funciones se desarrollan una después de la otra. Analicémoslas de la mano de las reflexiones y aportaciones que hace I. K. Taimni en su espléndida obra *El conocimiento de sí mismo* (Editorial Teosófica).

FUNCIONES DE BUDDHI

Comprensión

En la presentación he utilizado el término *comprensión* en un sentido muy amplio e inclusivo. En un sentido más básico y específico, la comprensión es la función más sencilla de Buddhi. La psicología moderna la considera una función de la mente, pero no es así.

La mente apenas puede combinar las impresiones que recibe de un objeto a través de los sentidos, y con ellas forma una imagen compuesta. Pero a menos que la luz de Buddhi ilumine esa imagen, no podemos comprender ese objeto. La mente inferior o concreta es mecánica y no posee la capacidad de comprender ninguna cosa.

La comprensión de los objetos que la mente presenta ante la consciencia interna es una de las funciones primarias y simples de

Buddhi. Es una función que está presente desde el mismísimo comienzo de la evolución humana, cuando la incidencia del cuerpo búddhico sobre el cuaternario inferior es todavía muy incipiente.

Inteligencia

La siguiente función de Buddhi, en orden de desarrollo y relacionada con la anterior, es la que en lenguaje corriente se llama *inteligencia*. No *intelecto*, sino *inteligencia*.

Todos entendemos más o menos la diferencia entre un intelectual y una persona inteligente. El intelectual tiene su mente bien desarrollada, cargada de datos, y puede ejecutar fácil y eficazmente varias operaciones mentales. El inteligente es el que posee la capacidad de comprender la significación o la importancia del conocimiento que posee y de sus experiencias, y ha extraído aquella esencia sutil que llamamos *sabiduría*. Puede ver las cosas como son.

Esta diferencia entre el intelecto y la inteligencia se debe a que el intelecto tiene su origen en la mente sola, mientras que la inteligencia tiene su fuente en el principio búddhico, que supera al mental.

La inteligencia se va manifestando por el interés progresivo en los asuntos de la mente abstracta y las cualidades del alma. De hecho, se necesita mucha más inteligencia para vivir espiritualmente que para vivir de forma ordinaria. Es necesario dar una voz de alerta a este respecto, porque muchos aspirantes a la vida espiritual creen que cuando se embarcan en la búsqueda de la Verdad pueden dejar la inteligencia en la nevera y que la gracia de Dios les dará todo cuanto les haga falta. Esta es una idea cómoda para los que desean vivir a su manera en un mundo imaginario; pero no la corrobora la experiencia de quienes se han embarcado en la aventura del conocimiento de sí mismos.

De la percepción al discernimiento

Tras haber visto las funciones más elementales de Buddhi, podemos pasar a contemplar algunas otras, que se desarrollan en etapas posteriores de nuestra evolución. Una muy importante es el llamado discernimiento o *viveka*, al que ya se hizo mención cuando se trató el tema de la «lluvia» que la apertura de *antahkarana* genera sobre el cuaternario inferior.

Estamos viviendo en un mundo de ilusiones sin ser conscientes de este hecho. Cuando empezamos a despertar espiritualmente, nos vamos haciendo conscientes de esas ilusiones, de forma gradual. Nuestra percepción va cambiando, hasta que experimenta un cambio radical. Me explico.

La percepción es la relación que une al que percibe y lo percibido, el sujeto y el objeto. Cuando desaparece la relación sujeto-objeto, como pasa en el *samadhi*, los tres (el perceptor, lo percibido y la percepción) se funden en un solo estado integrado de consciencia. Esto significa que el sujeto percibe cabalmente la realidad del objeto. Es así como se llega al discernimiento.

El discernimiento es el ABC de la vida espiritual. Consiste en la capacidad de distinguir entre lo real y lo irreal y en ver la vida y todas sus circunstancias tal como son esencialmente.

Por tanto, el discernimiento es el trabajo de la inteligencia a un nivel superior. Cuando la luz de Buddhi ilumina los problemas ordinarios de la vida, se muestra como inteligencia. Cuando resplandece sobre los problemas más hondos y fundamentales de la vida y descubre sus ilusiones, se muestra como discernimiento. Hay pues una diferencia de grado entre la inteligencia y el discernimiento, y además actúan en esferas diferentes. Vamos ganando en inteligencia a lo largo de nuestro trabajo con el *manas* superior, pero el discernimiento aparece como un resultado; podríamos decir que es la culminación de una etapa.

El discernimiento también implica que, una vez que sabemos la diferencia entre lo recto y lo equivocado, hagamos lo recto. Esto es importante, porque la purificación y la calma de la mente dependen en buena medida de que nuestra vida esté regida por la rectitud, es decir, por el hábito constante de realizar, naturalmente y sin esfuerzo, lo que consideramos que es correcto cuando lo vemos así.

Intuición

Como se ha anunciado, la intuición es la función más distintiva de Buddhi. Consiste en la capacidad de reconocer y entender las verdades de la vida espiritual.

Hemos visto que el discernimiento nos capacita para darnos cuenta de las ilusiones de la vida. Pero este es el lado negativo, por denominarlo de alguna manera, de una función cuyo aspecto positivo es el reconocimiento directo de las verdades de la vida espiritual.

Si llevamos una luz a un cuarto oscuro, no solo disipamos las tinieblas, sino que inundamos de claridad la habitación. Del mismo modo, con la intuición nace el verdadero discernimiento, por el que no solo nos damos cuenta de las ilusiones de nuestra vida cotidiana, sino que también empezamos a obtener destellos de las realidades y verdades que residen ocultas tras esas ilusiones.

Algunas personas comprenden intuitivamente las verdades de la vida superior, mientras que otras las encuentran absurdas. Hay verdades a las que no es posible acceder por medio de cruzar el «océano de *manas*», es decir, por medio de manejar argumentos y aplicar el razonamiento, por más que lo que estemos considerando sean cuestiones de tipo transcendente. Ciertamente, el trabajo con el *manas* superior ha preparado el terreno, pero llega el punto en que es la intuición la que permite captar ciertas verdades.

La intuición no solo nos permite reconocer las verdades de la vida superior sin valernos del razonamiento, sino que, además, el conocimiento adquirido por vía de la intuición tiene un carácter muy diferente del obtenido por medio del ejercicio de la mente. El conocimiento que acude por intuición se asienta en piso firme y no trepida bajo las cambiantes experiencias y pensamientos del individuo; en cambio, el que se basa exclusivamente en el razonamiento está expuesto a ser arrasado o verse viciado por las dudas y desconfianzas. Abundan las personas cuya fe en las verdades de la vida superior flaquea constantemente. Un día están con personas agradables y en un ambiente armonioso y sienten que el hombre es divino, que todo marcha bien en el mundo y que Dios está en el cielo; otro día se encuentran con aparentes injusticias y reciben un trato rudo por parte de sus asociados, y entonces se les evapora la fe y cunde en ellas el amargor y el escepticismo.

Es importante advertir que tenemos que estar en guardia para no tomar todas nuestras ideas irracionales, y a veces tontas, como susurros de Buddhi. En lugar de dejarnos llevar por los impulsos y supersticiones que las personas emotivas confunden fácilmente con la voz de Dios, es conveniente que permanezcamos en el terreno firme aunque árido del razonamiento, hasta que nos hayamos vuelto permeables a la verdadera intuición y esta nos ofrezca una guía clara. Conviene recordar y tener en cuenta aquí lo comentado en el capítulo 7 sobre los engaños y bromas de los que podemos ser objeto desde el astral inferior.

Orientación fidedigna

Buddhi no solo nos capacita para reconocer verdades de la vida superior, sino que también nos aporta una orientación fidedigna para vivir nuestra vida diaria.

El intelecto nos da algunos datos que podemos usar para aplicar la inteligencia y tomar alguna decisión, pero esos datos nunca son completos, pues rara vez conocemos todos los factores implicados en una situación dada. Además, nuestras opiniones y sentimientos previos tienden a hacer que nuestro criterio sea parcial. Así, nunca nos sentimos seguros respecto a si nuestra decisión es acertada o desacertada. ¿No hay forma de saber de qué manera hemos de actuar sin equivocarnos ante toda clase de circunstancias?

Veíamos anteriormente que los errores no existen, lo cual no es óbice para que tomemos decisiones que nos abstendríamos de tomar si tuviésemos una percepción más clara de las situaciones. Es cierto que todos los caminos conducen a Roma; ahora bien, si queremos ir allí desde Sevilla, no es lo mismo tomar una autopista que nos conduzca directamente hasta el lugar que equivocarnos todo el rato de carretera y dar una larga vuelta por España, Europa y Asia antes de alcanzar nuestro objetivo. Por supuesto, al principio somos conductores noveles e inexpertos y cualquier avance nos sabe a gloria, pero llega el momento en que tenemos el anhelo de llegar a Roma lo antes posible, sin demoras innecesarias. Entonces nos centramos, adquirimos un GPS y ponemos la directa. Es decir, nos tomamos en serio el camino espiritual y las cualidades del Yo Superior llueven por fin sobre nosotros. En un momento dado de este desarrollo, llega el momento en que empezamos a saber qué debemos hacer y en qué momento, sin pasar por los procesos del razonamiento. Buddhi no nos indicará los detalles relativos a cómo proceder, pues corresponde a la mente discernir cuál es la forma de hacerlo y los recursos que hay que emplear. Pero sí nos mostrará correctamente lo que hay que hacer.

Esta claridad es fundamental para que el proceso espiritual se acelere en las últimas fases y también por otro motivo muy relevante: la acción correcta hace que no se genere más karma «negativo»; también es determinante para resolver rápidamente y de la mejor manera los efectos kármicos pendientes.

Este es el mecanismo por el cual vamos limpiando el karma: de la misma manera que entramos en un círculo vicioso por lo que hacemos indebidamente, también creamos un círculo virtuoso al actuar rectamente. Cada vez que hacemos lo que consideramos justo, sin reparar en las consecuencias que puedan sobrevenirnos, purificamos nuestra mente en cierto grado, y la luz de la intuición resplandece en ella un poco más brillantemente. Esto incrementa el discernimiento y nuestra capacidad de ver lo que es justo y la voluntad de obrar con justicia. Al final, no solo quedamos libres de toda tendencia a obrar mal, sino que también nos volvemos capaces de saber casi instantáneamente lo que es justo hacer en cada situación.

Para vivir siendo totalmente justos no podemos regirnos por unas reglas estrictas que debamos seguir mecánicamente, pues cada situación de la vida es nueva y tiene sus peculiaridades. Lo único que nos capacitará para saber inequívocamente cuál es el camino recto en cualquier circunstancia es una mente purificada en la que Buddhi brille con firmeza y total claridad.

Una vez que el karma no vibre en ningún nivel del cuerpo causal seremos libres para abordar el final de la larga cadena de encarnaciones en el plano humano.

La sabiduría

Buddhi nos aporta sabiduría, la cual es extremadamente importante.

Muchos textos espirituales mencionan la sabiduría como un elemento que debe ir de la mano de la compasión, hasta el punto que utilizan la expresión *sabiduría-compasión*. Si queremos manifestar amor pero no contamos con sabiduría, podremos caer en el *buenismo*, que es una actitud que no tiene calado espiritual. En este caso, nuestra «bondad» será como el agua que se escapa entre las manos. Detengámonos un poco sobre este punto.

La compasión significa hacerte tuya la experiencia del otro, compartir íntimamente con el otro, y conlleva en última instancia una relación fraternal con todos los seres humanos y todos los seres vivos. La compasión «llueve» sobre la personalidad como un atributo del alma humana, pero debe ir acompañada del atributo del alma universal (Buddhi) que es la sabiduría para manifestarse de forma efectiva y no descarrilar en actitudes que no son propiamente compasivas.

En su libro *De la transformación interna a la externa*, la teósofa Joy Mills aborda lo que Buda llamó la *acción correcta*. Mills dice que la acción correcta puede expresarse de muchas maneras pero tiene una implicación muy directa: *ser un buen amigo*. De todos, sin excepción. Del que conoces y del que no conoces. Y para ser un buen amigo no basta con la compasión, sino que es necesaria la sabiduría. Como la que manifestaron un buen amigo (valga la redundancia) que tengo en Sevilla y su mujer en relación con su hijo. Dicho hijo se metió profundamente en el mundo de la droga siendo adolescente. Sus padres intentaron sacarlo de esa dinámica por todos los medios, pero no lo lograron. Con el paso de los años, el comportamiento del hijo se fue volviendo cada vez más inaceptable. Finalmente, ante el fracaso de las soluciones intentadas y como no había manera de que su hijo respetase las normas de convivencia más elementales, estos padres tomaron una decisión extraordinariamente dura cuando el hijo cumplió los dieciocho años: echarlo de casa y no permitirle entrar. Cambiaron la cerradura y durante semanas soportaron los golpetazos del hijo en la puerta, pero se resistieron a abrir. En un determinado momento, el hijo desapareció. Por supuesto, esa desaparición pudo haberlo llevado a morir de sobredosis en cualquier esquina. Los padres eran muy conscientes de que estaban asumiendo un riesgo tremendo, pero también lo eran de que no podían consentir que la bola de nieve que era la problemática de su hijo y sus repercusiones siguiera aumentando. La historia tuvo un final feliz, porque el hijo regresó un año y medio más tarde, y lo hizo transformado. Al estilo del hijo pródigo de la parábola, él mismo inició un proceso de regeneración que finalmente lo sacó del mundo de la droga. Actualmente está al final de la veintena y es una persona sensacional. Por medio hubo la actitud de *buen amigo* de sus padres, que supieron no caer en el buenismo y ejercer la sabiduría-compasión.

SOBRE EL SABER QUE LLEGA DEL PLANO BÚDDHICO

Una de las funciones de Buddhi que se han expuesto es la capacidad de conocer directamente las verdades espirituales sin pasar por el proceso intelectual del raciocinio. Este saber no llega desde afuera, ni siquiera desde los planos internos por un proceso de transmisión del pensamiento, sino que brota espontáneamente en el corazón del ser humano como nacen las aguas de un arroyo. La persona puede ignorar de dónde le viene ese conocimiento, puede ser incapaz de comunicarlo a otros, pero está ahí, y este saber está asociado con un tipo de certeza que no se encuentra jamás en el conocimiento que se adquiere por medio del intelecto.

Hay dos puntos a remarcar acerca de este saber que viene del plano intuitivo. En primer lugar, no es un conocimiento relativo a los asuntos ordinarios, el cual es de la incumbencia de la mente. En este ámbito, incluso la persona iluminada tiene que seguir el camino ordinario: puede tener poderes superfísicos que le faciliten la adquisición de esos conocimientos, pero eso está dentro del campo de la inteligencia, y por tanto la persona tiene que trabajar con los poderes y facultades de la mente. En cambio, Buddhi es una luz que ilumina la vida dentro y fuera de nosotros. Nos proporciona un sentido infalible de lo recto y lo falso, de la verdad y la mentira; nos permite ver todas las cosas en su propia perspectiva y en su esencia. Pero no elimina la necesidad de usar la mente mientras estamos activos en los mundos inferiores.

El segundo punto a subrayar con respecto a la consciencia intuitiva es su naturaleza dual. Por un lado, está conectada con fenómenos pertenecientes al ámbito de la inteligencia, y por el otro con fenómenos relacionados con las emociones. Cuando la energía del plano intuitivo desciende a los planos inferiores, su modo de plasmarse depende de su ámbito de manifestación. Cuando opera en el campo de la inteligencia se refleja como conocimiento espiritual, y cuando opera en la esfera de las emociones se refleja como amor espiritual.

En general, se ha visto que cuando la consciencia búddhica empieza a desarrollarse en una persona de temperamento emotivo aparece como un amor intenso en forma de devoción, mientras que en una persona de tipo intelectual aparece como la capacidad de ver con mucha claridad todos los problemas fundamentales de la vida. Al hacerse más profundo ese amor o esa visión, surge gradualmente un nuevo estado de consciencia, que generalmente llamamos *sabiduría*.

La naturaleza dual de la intuición nos permite desarrollarla por medio de sujetarnos a una de las dos vías: o bien la devoción —ese amor intenso que se entrega totalmente al objeto adorado—, o bien el discernimiento —esa inteligencia indagadora que puede superar todas las ilusiones de la mente y entrar en contacto con la vida que está más allá de esta—. Esto no significa, desde luego, que el amor o la inteligencia sean suficientes por sí solos, sino que uno de estos dos aspectos de la consciencia será el que predomine en las primeras etapas. En las etapas finales, ambos aspectos se fusionarán en un estado de consciencia que no será ni puro amor ni pura inteligencia, sino una síntesis de ambos.

Función perceptiva o pasiva y función conativa o activa

Buddhi también es dual en otro sentido diferente. En los párrafos anteriores se ha estado abordando una función de Buddhi que puede llamarse perceptiva, porque tiene que ver con la percepción de las cosas, con verlas en el sentido espiritual. Podría decirse que esta es una función pasiva.

Pero Buddhi tiene también una función activa, relacionada con su papel como instrumento de Atma: la de energizar la mente. Esta función es tan importante como la perceptiva.

A esta función dual de Buddhi se debe el hecho de que, cuando hay verdadera sabiduría, ver la verdad y vivir la vida sean inseparables.

LOS CIMIENTOS PARA EL DESARROLLO DE LA CONSCIENCIA BÚDDHICA: LA VOLUNTAD, EL ALTRUISMO Y LA PUREZA

El desarrollo de la consciencia búddhica tiene lugar con lentitud, y su despliegue y perfección requieren de una paciente autodisciplina, perseverancia, intensidad de propósito e intenciones rectas.

Con este telón de fondo, el primer paso consiste en poner unos buenos cimientos, lo cual se logra por medio del desarrollo de la voluntad, el altruismo y la pureza. Los tres han de adquirirse en el grado apropiado.

La principal razón por la que tantas personas que aspiran a experimentar las realidades de la vida espiritual no progresan es que no dan los pasos necesarios para colocar los cimientos adecuados para vivir esta vida, sino que se contentan con leer y pensar sobre estas cosas. Sin embargo, leer y pensar no nos lleva muy lejos. Ciertamente, ponderé estos comportamientos como apropiados para el desarrollo de la mente abstracta, pero la actitud no debe ser en ningún caso la de convertir estos mecanismos en amarres que nos conduzcan a intelectualizar la espiritualidad. La espiritualidad es indisociable de la vida misma; por tanto, la lectura y la reflexión no deben ser amarres, sino todo lo contrario: su objetivo es que nos proporcionen las instrucciones relativas a cómo deshacer los amarres del globo con el que surcaremos los cielos de la espiritualidad.

Una vez que hemos leído las instrucciones, a nosotros nos corresponde ponernos manos a la obra. Tenemos que dedicarnos en serio a forjar las condiciones que nos permitan efectuar un progreso real.

La voluntad (fortaleza, fuerza)

Como ya se apuntó al tratar el tema de los deseos en el contexto del cuerpo emocional, la voluntad es necesaria porque el descenso de la consciencia superior a los vehículos inferiores impone sobre estos una tensión muy grande, por lo que el fracaso es seguro si no se ha logrado un grado considerable de fortaleza de carácter. Esta fortaleza, en asociación con las virtudes álmicas, también guarda relación con la consistencia que tendrá nuestro cuerpo causal cuando habitemos en el plano de luz entre encarnación y encarnación.

Así, todos los componentes de nuestro yo físico, emocional y mental tienen que ser examinados y comprobados, y deben ser reforzados para que puedan resistir el influjo del Yo Superior. Debemos hacerlo en la vida diaria a partir de las experiencias que, a modo de pruebas, se vayan presentando. Será como resultado de este entrenamiento que iremos consiguiendo mayor fuerza y voluntad.

Ejemplos de situaciones que nos permiten cultivar la voluntad son: «tentaciones» que sabemos que debemos evitar; dinámicas de pensamiento basadas en miedos o experiencias del pasado pero que no se corresponden con la realidad actual, a las cuales debemos poner freno; respuestas emocionales instintivas que debemos transmutar; prácticas en las que nos conviene perseverar incluso cuando nuestro estado de ánimo no sea el más adecuado.

El altruismo

Cuanto mayor sea la voluntad, mayor necesidad habrá de desarrollar los dispositivos de seguridad que impidan que esa fuerza pueda utilizarse con propósitos egoístas o para dañar a los demás. El altruismo juega un papel crucial a estos efectos, y desde luego no hay que esperar a encontrarse avanzado en el sendero espiritual para ejercerlo. De hecho, es fundamental cultivarlo desde el principio, y tienen que ver con él muchos de los *yamas* y *niyamas* de los que se habló en el capítulo dedicado al trabajo con el cuerpo emocional. También es cierto que con el fortalecimiento del carácter pueden perder peso algunos aspectos contrarios al altruismo –como la desidia– y ganarlo otros igualmente contrarios al altruismo –como tratar con desdén a los demás–. Un carácter debidamente equilibrado y conectado a Buddhi no debería tener problemas con el altruismo, pero veamos de cualquier modo las trampas en las que se puede caer en algún momento del camino y la forma de remediarlo.

Son contrarias al altruismo las conductas egoicas, como acumular, poseer, atesorar, tener y retener, codiciar, envidiar, etc. Estas conductas deben ser progresivamente podadas a partir de que emprendemos el sendero, y no tienen en absoluto cabida si aspiramos a que «lluevan» sobre nosotros las cualidades del Yo Superior. Cualquier rastro de ellas que pueda quedar va a ser llevado por estas «aguas». Ahora bien, no hay garantía de que no vuelvan a presentarse. Imagina que empiezan a llover sobre ti las cualidades del Yo Superior y que empiezas a convertirte en una persona magnética, que atrae la atención de los demás. Sabes que esas personas estarían dispuestas a pagar ciertas cantidades de dinero por escucharte. ¿Cómo vas a manejar la situación? Por favor, que sea con discernimiento, y no a partir de la «resurrección» de los aspectos egoicos.

También es contraria al altruismo la tendencia a buscar el poder y el prestigio para la glorificación personal. Al principio del sendero, es más fácil que nuestros enemigos sean la falta de autoestima y autoconfianza, pero cuando nuestro nivel de energía espiritual es bastante más elevado, es más probable que los enemigos del altruismo pasen a ser estos otros. Ándate con cuidado.

Hay un tipo de egoísmo menos aparatoso que los mencionados, que, sin embargo, es el más extendido entre el común de los mortales: el egocentrismo, sobre el que ya incidimos en páginas precedentes. Puede afectar a la persona comprometida con el camino espiritual por medio de darle muchas excusas para que ralentice o, en el peor de los casos, abandone su avance. Si la persona está al principio del camino, el egocentrismo le dirá: «La cima está muy lejos; no vas a llegar nunca. ¿Estás seguro de que vale la pena continuar?». Y si la persona está más avanzada en el camino, una voz apenas perceptible le dirá: «Estás yendo bien. Has hecho tanto ya... ¡Relájate un poco! ¿No has oído hablar de eso que llaman "el camino del medio"?».

Recordemos que el egocentrismo hace que la vida de las personas afectadas por esta «patología» gire alrededor de sus pequeños intereses, ocupaciones y preocupaciones personales: la profesión, la familia, los amigos, las aficiones, los entretenimientos, las diversiones, las distracciones mentales... Si permitimos que los asuntos personales absorban prácticamente todo nuestro tiempo y pensamientos, nos pasaremos la vida enfrascados en asuntos muy menores en comparación con lo que debería tomar protagonismo en ella si tuviéramos más consciencia y viviéramos de forma coherente en consonancia con lo que genuinamente somos, con nuestro verdadero Ser. Si aspiramos a entrar en contacto con las modalidades superiores de la consciencia, debemos ejercer el altruismo y romper todas estas conchas que enclaustran nuestra vida y ciegan nuestra visión.

Uno de los métodos más eficaces y rápidos para ello es servir al prójimo con recto espíritu. Y se debe subrayar lo de *recto espíritu*, porque ahí está lo esencial: miles de miles de personas despliegan actos de servicio a sus congéneres y a otros seres vivos; sin embargo, de poco les vale desde la perspectiva de su desarrollo consciencial y evolución espiritual. Simplemente, crean buen karma para sí mismas, lo que las ayudará a la larga en cierta medida, pero no están quitando de su vida ese elemento personal que constituye el impedimento mayor en el camino de los que buscan la iluminación. Para avanzar hacia esta, el servicio ha de ser desinteresado —desapegado de resultados y consecuencias—, impersonal —no debe contener ningún atisbo de nada que tenga ver con uno mismo, desde reconocimiento o admiración hasta cualquier tipo de satisfacción– y debe prestarse como una ofrenda a la Realidad Una –cual grano de arena que se aporta de manera natural (desinteresada e impersonal) al gran plan de la vida y la existencia–.

La pureza

El tercer requisito para cimentar la vida y la consciencia superiores es la pureza en lo que atañe al cuerpo, la mente y las emociones.

La cantidad de consciencia superior que pueda traerse al plano físico depende de lo despejado que esté el canal entre lo superior y lo inferior. Y la principal obstrucción es la impureza de los cuerpos inferiores, especialmente del mental: así como un espejo empañado de polvo no puede reflejar bien los rayos solares, tampoco una mente impura puede reflejar la Verdad. Esto nos impide ver a nuestro verdadero Ser.

En el ámbito cósmico, la Consciencia utiliza la Mente como interfaz para relacionarse con la materia. En el plano humano ocurre lo mismo. De modo que si desde la consciencia que somos queremos ver la realidad de lo que somos y que nos rodea, resulta imprescindible que la mente (nuestros ámbitos emocional y mental, en sentido amplio) se halle serena, tranquila y sosegada. Valga el ejemplo del agua de un lago o del mar, que poníamos en el capítulo 8: si está tranquila, podremos ver el fondo bajo ella; en cambio, si presenta turbulencias, no podremos ver el fondo. De ahí la importancia del yoga en cuanto «inhibidor de las modificaciones de la mente» (capítulo 8, primer apartado). El camino del yoga es un proceso de apaciguamiento de las perturbaciones emocionales y mentales que en algún momento, cuando corresponda en nuestro sendero, nos permitirá la experiencia del *samadhi* (la desaparición de la autopresencia de la mente).

Por tanto, la tarea de purificación sistemática y paciente de nuestros componentes inferiores (físico, etérico, emocional y mental inferior) forma parte integral del entrenamiento y la autodisciplina que deben permitir que la consciencia búddhica se manifieste en nuestra vida diaria. Los recursos y estrategias presentados en los capítulos dedicados al cuaternario perecedero sirven al fin de la purificación, en sentido amplio.

DOS FORMAS DE APROXIMARSE A BUDDHI

Hay dos vías para aproximarse a Buddhi, la de la inteligencia y la de las emociones. Vamos a explorarlas.

A través de la inteligencia

Para acercarnos a Buddhi a través de la inteligencia, lo primero que debemos hacer es reunir todas nuestras energías mentales dispersas y concentrarlas en los problemas del vivir. Mientras le permitamos a la mente correr alocadamente tras toda clase de objetos sin un propósito central, sin una dirección definida, estamos condenados a vivir enredados en los lazos de la ilusión, y la Verdad continuará oculta a nuestros ojos.

Podemos adquirir la capacidad de ver a través de las ilusiones de la mente si enfocamos la luz de la consciencia sobre la mente misma y tratamos de ver cómo esta modifica y desfigura todas las cosas antes de que nos hagamos conscientes de ellas. Solo cuando vemos que todo aquello que llega a nuestra consciencia tiene que pasar por el medio que es la mente nos damos cuenta de las ilusiones que crea esta última. Solo si estamos constantemente alertas y vigilantes a este respecto podremos desarrollar el discernimiento.

Esta intensa concentración sobre la mente y su actividad debe practicarse con constancia, día tras día, de modo que nos demos cuenta de su labor incesante aun en medio de nuestras actividades ordinarias. Esta práctica, si se sostiene por un tiempo suficientemente largo, hará que el centro de la consciencia se deslice gradualmente desde su morada habitual en la mente hacia la región de Buddhi, que, recordémoslo, está más allá de la mente. Una vez que el centro de la consciencia queda estabilizado en su nueva posición y vemos la vida desde el plano superior de Buddhi en vez de verla desde el plano mental, irrumpirán en nuestro horizonte todas aquellas verdades que se originan en el plano búddhico.

A través de las emociones

Como ya se ha indicado, Buddhi es de carácter dual y combina en sí la esencia de la inteligencia y de las emociones; por tanto, también puede accederse a Buddhi por medio de estas últimas. Este segundo método es adecuado para las personas que tienen un temperamento altamente emocional. En él, el amor y la devoción hacia una deidad en particular se intensifican cada vez más por medio de prácticas de diversas clases, hasta que la consciencia del devoto se fusiona con la del objeto de su devoción.

Todos sabemos cómo cae un rayo sobre cualquier objeto ubicado en la tierra: la electricidad friccional generada en las nubes induce una carga contraria en la superficie terrestre, y a medida que sigue aumentando el voltaje de la electricidad en las nubes, la tensión entre las dos cargas opuestas también crece. Llega un momento en que la tensión se hace tan grande que supera la resistencia del aire que separa las dos cargas, y el rayo marca la unión y fusión de las dos cargas opuestas. Algo similar ocurre cuando la consciencia del devoto y la del objeto de su devoción se funden en el éxtasis que siempre precede a la visión mística.

Durante un tiempo, la consciencia del devoto escapa hacia el plano búddhico, donde descubre que él y aquello que ha sido el objeto de su devoción no son dos elementos distintos, sino uno solo. A partir de ese momento, aunque se diluya su consciencia directa del plano búddhico, la visión que tuvo es una poderosa fuente de inspiración para él o ella, y las corrientes del plano búddhico continúan fluyendo por el canal que se creó.

Corolario

Solo es posible el funcionamiento pleno y consciente del vehículo búddhico cuando se han transcendido por completo la mente y las emociones, y el individuo puede elevarse en *samadhi* al plano intuitivo y a otros más elevados. Solo entonces puede ver la vida como es en realidad, conocer los secretos de su existencia y realizar las verdades eternas de la vida espiritual. Antes de ese momento, el aspirante apenas había sentido la certidumbre de esas verdades, si bien las dio por sentadas en el momento en que conectó con su intuición.

Cuando el aspirante haya tenido una vez la Visión, aunque se sumerja de nuevo en la vida inferior no se verá totalmente dominado por las ilusiones de esta en ningún caso, pues vivirá constantemente bajo el influjo de la luz de la consciencia superior. Al subir gradualmente por la escala de la evolución, la consciencia transcendente del plano búddhico se irá volviendo parte de su consciencia normal, y entonces no descenderá a los planos inferiores sino cuando su trabajo requiera su presencia en ellos.

CONOCIMIENTO POR FUSIÓN

La confusión existente entre el conocimiento intelectual ordinario y la verdadera sabiduría es en gran parte responsable del estancamiento que pueda haber en nuestra vida espiritual, así como de la excesiva relevancia que se le suele otorgar al conocimiento intelectual en los ámbitos de la religión y la filosofía. Debido a esto, el mero conocimiento, revestido con el ropaje de la religiosidad, se toma por espiritualidad, equivocadamente. Muchos se sienten satisfechos con ese conocimiento; no se dan cuenta de que el falso sentimiento de seguridad que obtienen es ilusorio y puede desaparecer completamente ante el menor cambio que se produzca en sus circunstancias externas.

Como avanzábamos al principio del capítulo, el ejercicio de la mente no basta para obtener comprensiones. Esto se hace mucho más evidente si lo que pretendemos es conseguir el verdadero conocimiento, el que está vinculado con las grandes verdades de la existencia. El conocimiento verdadero solo es posible a través de la fusión de la propia consciencia con el objeto que se busca conocer. Es un conocimiento por fusión: directo, vivido, dinámico y no sujeto a ningún error o ilusión.

Supongamos que entramos en la sala de un museo en medio de la oscuridad de la noche a investigar lo que hay allí, sin poder disponer de ninguna luz. La investigación que hagamos en la oscuridad es análoga al funcionamiento del raciocinio, y la observación a plena luz es análoga al funcionamiento de Buddhi. Por tanto, podemos decir que Buddhi ve las cosas en su verdadera perspectiva, de un modo directo, justo, total y correcto. En cambio, el raciocinio lo hace de forma indirecta, parcial e incompleta.

No los hechos en sí, sino sus relaciones mutuas y su significado

Buddhi no está tan interesado en los hechos en sí como en el significado de los hechos y en las relaciones mutuas que se establecen entre ellos. Esto es característico de la sabiduría que nos llega a través de la luz que Buddhi aporta a la mente.

Un ejemplo simple nos aclarará cómo la percepción de una nueva relación entre los hechos puede alterar por completo su significación. Supongamos que un bebé es raptado y crece sin que sus padres vuelvan a saber de él. Ese hijo, ya crecido, pasa a trabajar como sirviente en la casa de sus verdaderos padres, empleo en el que permanece durante varios años. Un día, el padre descubre que ese sirviente es su hijo. Este descubrimiento cambia por completo la relación entre ellos. No se ha producido ningún cambio en cuanto a los hechos, pero el descubrimiento del parentesco modifica por completo su importancia. Esta es la manera en que la intuición procedente de Buddhi puede cambiar completamente nuestras actitudes y en consecuencia nuestra vida, sin que hayan cambiado las circunstancias externas.

Otro ejemplo lo ofrece la relación existente entre las distintas almas. Puesto que todas son divinas en esencia y tienen en la Realidad Una el centro de su consciencia, el hecho de darse cuenta de su mutua relación depende de que perciban su propia relación con la Vida Una de la cual todas son expresiones diferentes. Así, el misterio de nuestra fraternidad está íntimamente relacionado con el misterio de nuestro origen divino. Estos dos misterios son, en verdad, dos aspectos de un mismo misterio.

Mientras no se alcance esta comprensión vivencial, la fraternidad, que en su verdadero sentido es un hecho en los planos espirituales, no puede significar sino apenas un ideal intelectual o, a lo sumo, un sentimiento de simpatía y sincera bondad hacia todos. Solo en la medida en que sintamos nuestra naturaleza divina y la unidad de la Vida podremos sentir y conocer la verdadera fraternidad... Las formas corrientes de fraternidad, basadas en un ideal intelectual o en intereses y hasta sentimientos personales, pueden corromperse fácilmente. Si tu hermano no hace lo que tú quieres, o te hace daño, empiezas a odiarlo y hasta a querer destruirlo. Esto no ocurre cuando está presente la verdadera fraternidad, la cual está basada en la percepción intuitiva de nuestro origen común y de la Vida Una que todos compartimos.

Práctica

LA MÁXIMA EXPRESIÓN DE LA FRATERNIDAD

Si necesitas un apoyo en estos momentos para recordar el alcance de la fraternidad, piensa en el fallecimiento de alguien muy querido y los sentimientos que experimentaste; particularmente, ese vacío desolador que te hizo sentir como si una parte de tu propia alma se hubiese ido con ese ser.

Ahora piensa que cualquier persona con la que te encuentras podría haber sido tu padre, tu madre, un hermano, un abuelo...; una persona en relación con la cual podrías experimentar ese vacío si la vida hubiese puesto las condiciones para que hubieseis tenido una gran cercanía. ¿Cuántos ejemplos vemos, en las películas, de personas que «no tienen nada que ver» pero que acaban queriéndose absolutamente a partir de las experiencias que tienen juntas?

El vacío debido al fallecimiento de un ser querido se equilibra a menudo por sí mismo con el tiempo, al tener lugar una redistribución de la energía por así decirlo, pero en ocasiones la persona es incapaz de salir de su desolación a menos que indague muy profundamente en la inmortalidad del alma y conecte con la realidad de que los lazos de amor son eternos y nada podría cortarlos. (Puedes indagar más a estos respectos en nuestro libro *¿Qué hay después de la muerte?*, publicado por Martínez Roca, o en el libro de Emilio *El tránsito*, publicado por Sirio).

PERMANECER COMO INTELECTUALES O VERNOS ILUMINADOS POR LA SABIDURÍA

Tras todo lo expuesto, estamos en condiciones de considerar brevemente unos pocos hechos que muestran la diferencia entre el conocimiento que es producto del intelecto y la sabiduría resultante de que el intelecto sea iluminado por la luz de Buddhi. El objetivo de estas líneas es invitarte a hacer una reflexión sobre si estás viviendo realmente la espiritualidad o si, por el contrario, la mantienes en el ámbito de tu mente, sin permitir que cale en ti. Las conclusiones serán tuyas y lo que hagas a partir de ahí será también tu decisión.

- El conocimiento y la sabiduría se obtienen por medios diferentes. Como el conocimiento se compone de partes, es como un edificio que hay que construir ladrillo a ladrillo: para aumentar nuestro conocimiento, ir llenando las lagunas que tengamos en el mismo e ir clarificando ideas, siempre tenemos que leer más libros, asistir a más charlas, participar en más debates, etc. Pero como la sabiduría no es un compuesto, sino que consiste en ver las relaciones y la significación de los hechos conocidos por el intelecto, no hay ya nada que construir: solo hay que aumentar el poder penetrante de la percepción para ver más profundamente en las cosas. Cuanto más penetrante sea la percepción, más profunda será la sabiduría. Y ¿cómo conseguimos que la percepción se vuelva penetrante? Debemos aumentar la claridad de nuestra visión por medio de separar las impurezas, las distorsiones y los complejos presentes en la mente y evitar que esta induzca actos equívocos. Tenemos que ir hacia dentro, percibir a un nivel más hondo, elevarnos a un nivel superior de consciencia y despejar la comunicación entre lo espiritual y lo mental.

Un penetrante resplandor de percepción intuitiva puede cambiar completamente la vida de un ser humano y hacerle ver las realidades de la existencia de una manera que no alcanzaría a comprender ni dedicando muchas vidas al estudio intelectual de los problemas más hondos. Un relámpago puede revelar un paisaje de un modo que no tiene nada que ver con la forma en que podemos iluminarlo con una linterna en una noche oscura. En el primer caso obtenemos una visión completa de forma instantánea, mientras que en el segundo caso vamos explorando el territorio por partes y no obtenemos la visión global. No es solo la cantidad de tiempo que requiere uno y otro tipo de conocimiento lo que los distingue, sino que también son distintos en esencia.

- Puede haber un abismo enorme entre lo que profesa y lo que practica la persona meramente intelectual, pero este abismo no es posible cuando hay sabiduría. La persona que basa su saber exclusivamente en el intelecto puede hablar y escribir con brillo sobre las más altas doctrinas de los ámbitos de la religión, la filosofía y la ética; pero es posible que su vida sea una negación total de todas esas cosas que predica. Pero eso no puede ocurrir en el caso de un ser humano que haya accedido directamente a esas verdades a través de la percepción búddhica, porque él o ella sabe que esas verdades, pertenecientes a la vida interna, son correctas.

- La sabiduría no solo va seguida invariablemente de la recta acción, sino que no existe ninguna vacilación, ningún reproche, ni siquiera si la acción representa un perjuicio o una incomodidad, debido a la completa seguridad de que lo que es recto debe ser para nuestro bien a la larga. En el plano búddhico, la percepción y la acción son inseparables. La duda o la inseguridad es lo que retarda la acción y confunde las actividades de la persona meramente intelectual. Para llevar a cabo la acción correcta, no hace falta fuerza de voluntad, sino una percepción clara y recta: no necesitamos mucha fuerza de voluntad para no tomar algo que sabemos que contiene veneno.

Práctica

OBSERVACIÓN DE LA PROPIA MENTE

Siéntate con la espalda recta, cierra los ojos y relájate. A continuación, enfócate en tu espacio mental con la intención de ser testigo de cualquier pensamiento que se presente.

Cuando observamos nuestra propia mente de forma correcta, lo hacemos desde Buddhi. Puesto que nuestro Yo Superior es indisociable de los estados de felicidad y amor, «observar la mente de la forma correcta» implica hacerlo con estas cualidades presentes. Ello significa prestar una atención desapegada y totalmente carente de juicios a cualquier pensamiento que aparezca, y no solo eso: debemos hacerlo también con una curiosidad muy inocente, como la que tiene un niño ante las novedades fascinantes. A partir de esta curiosidad, se trata de recibir con amor todos los pensamientos que vayamos detectando; pues la naturaleza de Buddhi no es nunca criticar y rechazar, sino integrar, en todos los casos.

La percepción de Buddhi nunca es dual. Puedes compararla con la que puede tener nuestro sol: ilumina nuestro planeta todo el rato y se derrama permanentemente sobre todos, ya sean héroes, personas corrientes o villanos. El Sol no brilla intermitentemente en función de que le guste o no lo que contempla; no se toma personalmente nada de lo que ve ni intenta cambiar ningún acontecimiento. La presencia contemplativa de Buddhi es similar. Por ello, si te ayuda en la práctica, puedes considerar que eres el Sol y que estás observando todo con un amor supremo. No importa lo que se presente porque no tiene que ver contigo; eso ocurre por sí mismo y tú estás mucho más allá de ello. Tu amor lo abrasa todo y nada podría perturbarlo.

Cuando la observación desapegada y amorosa se estabiliza y se mantiene naturalmente, sin tener que hacer ningún esfuerzo, estamos en contacto con nuestra sabiduría innata. Al no reaccionar personalmente ante lo que acontece, estamos viendo las cosas como realmente son.

Capítulo 14

ATMA

PRESENTACIÓN

El crecimiento en autoconsciencia no tiene límites

Predomina la idea de que cuando un ser humano penetra en la profundidad más íntima de su ser, en su búsqueda de la divinidad o de la Realidad, llega finalmente a un estado de iluminación que puede ser considerado definitivo, después del cual ya no queda nada más por buscar.

Sin embargo, se trata de una idea equivocada, basada en un conocimiento muy superficial. Realmente, en el desarrollo espiritual no hay ni puede haber ningún final. La dimensión espiritual del ser humano es inmortal y su crecimiento y esplendor no tienen límites.

Los siguientes apartados están centrados en Atma, el principio fundamental de la genuina naturaleza humana. Pero no se debe olvidar que hay otros planos más allá del átmico, de los cuales no podemos tener noción alguna por ahora.

Nunca está de más recordar las tremendas limitaciones con las que topa el intelecto humano en su discurrir. Y cuanto más alejado de la esfera del intelecto se encuentra cualquier principio interno de los existentes en el ser humano, mayor es la dificultad de comprenderlo. De hecho, esta comprensión sería del todo imposible si no fuera porque estos principios existen en nosotros, no importa lo hondamente soterrados que se hallen.

Con su circunferencia en ninguna parte y su centro en todas las partes

El cuerpo causal, vehículo de la consciencia en el plano mental superior, tiene todavía una superficie envolvente, a pesar de lo mucho que esa superficie puede expandirse con la evolución.

En el plano superior que viene a continuación, el cuerpo búddhico aparece como una especie de estrella, un centro de luz con rayos que se esparcen en todas direcciones.

Y en el plano siguiente, el átmico, la consciencia tiene la capacidad de expandirse y contraerse, alternativamente, a una velocidad inconcebible: se expande para abarcar la consciencia en todo el plano; y se contrae hasta un punto para dar un colorido individual a esta consciencia omniabarcante. De esta forma pueden conciliarse la omnipenetración y la individualidad, lo cual está muy bien expresado en esta conocida descripción de la consciencia transcendente: con su circunferencia en ninguna parte y su centro en todas las partes.

SOBRE LA INVERSIÓN DE LA CONSCIENCIA

Antes de examinar la manera en que incide Atma en nuestro cuaternario inferior es necesario recordar cuáles son los siete grandes planos de lo Manifestado, en varios de los cuales se suele diferenciar, además, entre un nivel superior y otro inferior, a modo de subplanos:

1. *Adi*
2. *Anupadaka*
3. Átmico
      3.1. Superior
      3.2. Inferior
4. Búddhico
5. Mental
      5.1. Superior
      5.2. Inferior
6. Astral
      6.1. Superior
      6.2. Inferior
7. Físico
      7.1. Superior
      7.2. Inferior

Siendo esta la clasificación recogida en antiguas tradiciones espirituales y divulgada en tiempos más recientes por la teosofía, se presenta de la siguiente manera cuando de lo que se trata es de estudiar las relaciones e interacciones entre los planos y subplanos expuestos:

1. *Adi*
2. *Anupadaka*
3. Átmico: niveles superiores
4. Átmico: niveles inferiores
5. Búddhico
6. Mental superior

7. Mental inferior
8. Astral (superior e inferior)
9. Físico (etérico y denso)

Como ya se subrayó en el capítulo 3, *adi* (1) y *anupadaka* (2) quedan fuera del ámbito de la constitución septenaria del ser humano, por ser demasiado sutiles, al igual que la gama más alta de los niveles superiores del plano átmico (3). Por eso, en lo que aquí interesa, baste con señalar que las correspondencias que les atañen son estas: 1-4, 2-5 y 3-6. En cambio, del 4 al 9 sí entran de lleno en el marco de la configuración humana, por lo que sus interacciones deben ser examinadas con mayor detenimiento.

Para ello, es importante tener en cuenta que las relaciones existentes entre los planos cuarto y noveno tienen lugar a modo de «efecto espejo». ¿En qué consiste? Pues imagina que pones una serie de tres objetos, tres jarrones pongamos por caso, a distintas distancias delante de un espejo, de tal forma que la imagen de los tres quede bien reflejada. Evidentemente, ocurrirá lo siguiente: la imagen del jarrón más próximo al espejo será la que se verá más próxima al objeto que refleja. La imagen del segundo jarrón se verá más alejada, y la del tercer jarrón más alejada aún. Lo más próximo se corresponde con lo más próximo, y lo más alejado con lo más alejado. Pues bien, ocurre algo análogo en los «reflejos» de los vehículos de la tríada superior sobre los componentes perecederos del ser humano.

Aplicando lo anterior a los planos 4 a 9, nos encontramos con que los más próximos entre sí son el 6 y el 7. Retomando la analogía expuesta, el 6 correspondería al jarrón más próximo al espejo, y el 7 a su reflejo. Al segundo jarrón le correspondería el número 5, y a su reflejo el 8. El tercer jarrón tendría el número 4, y su reflejo el 9.

Entre el 4 y el 9 las relaciones quedan, por tanto, como sigue: 4-9, 5-8 y 6-7. Es decir, en el ser humano la consciencia átmica (4) se refleja, por expresarlo de alguna manera, en el plano físico (9); la búddhica (5), en el plano astral o emocional (8); y la mental superior (6), en el plano correspondiente al cuerpo mental, que es el que acoge el aspecto mental inferior o mente concreta (7).

El «efecto espejo» que puede apreciarse y que se ha descrito puede denominarse, más apropiadamente, *inversión de la consciencia*. Gráficamente, es como el efecto que tiene el reflejo de un paisaje en el agua de un lago: el paisaje reflejado se corresponde exactamente con el paisaje real, pero aparece invertido.

Este efecto de inversión puede explicar en cierta medida un fenómeno que, de no contar con esta explicación, resultaría enormemente curioso: la vida y la consciencia del plano átmico encuentran, de alguna manera, una expresión más completa a través del plano físico que a través de los otros planos en los que actúa la personalidad (el cuaternario inferior), a pesar del hecho de que el físico es el que está a más distancia del átmico. Igualmente, la consciencia búddhica mantiene una misteriosa relación con la consciencia emocional o astral; y el plano mental superior (el cuerpo causal) con el mental inferior.

Estas relaciones y correspondencias especiales entre los distintos componentes del ser humano tienen importancia práctica, porque indican tanto líneas de aproximación de los planos inferiores (los correspondientes al cuaternario inferior) a los planos superiores (la tríada superior) como líneas de descenso de fuerzas desde los planos superiores a los inferiores. Así, puede expresarse de un modo general que el trabajo con la mente inferior conduce a la mente superior, que el trabajo con las emociones conduce a Buddhi —*grosso modo*, pues, como veíamos en el capítulo anterior, el cultivo de la mente abstracta tiene también su papel en el acercamiento a Buddhi— y que la recta acción conduce a Atma.

Dado el vínculo existente entre el plano átmico y el físico, puedes empezar a intuir la enorme relevancia que tiene la vida que se desarrolla en la tercera dimensión. Efectivamente, la vida de la personalidad solo es completa y dinámica en el plano físico. Es en este plano donde el ser humano siembra unas causas a partir de sus pensamientos, sus emociones y, sobre todo, sus actos. También es en este plano donde el ser humano recibe los efectos de las causas que ha sembrado —es decir, los efectos kármicos—. En la dinámica de causas y efectos que tienen lugar en el contexto de las encarnaciones el ser humano va aprendiendo, con el tiempo, ciertas leyes (por ejemplo, que no es posible ser feliz a costa de las desgracias de los demás) y va desarrollando sus capacidades. En este proceso, las sucesivas personalidades son instrumentales pero intranscendentes; ahora bien, lo que el ser humano aprende en consciencia permanece, pues nutre un cuerpo causal progresivamente consistente, como veíamos en el capítulo 4.

En ausencia del cuerpo físico, el ser humano no podría desarrollar la cadena de causas y efectos en los otros planos en los que habita: el astral, el mental inferior y el mental superior o causal. En el plano astral (en el que habita el cuerpo emocional), el ser humano despliega sus proyecciones oníricas por la noche; pero, si te fijas bien, los sueños son resultados, no causas. Es decir, la calidad y el contenido de nuestros sueños dependen totalmente de la calidad y el contenido de las experiencias que estemos desarrollando en el plano físico; no acontece al revés. Y lo que hagamos inconscientemente en sueños no repercute como karma en nuestra vida. Tras el fallecimiento del cuerpo físico, permanecen vivos por un tiempo los cuerpos emocional y mental inferior; estos cuerpos tienen ciertas características y grado de densidad a partir de lo que hemos vivido en la tierra, pero no podemos incidir sobre ellos en los mismos planos en los que habitan, una vez que no disponemos ya del cuerpo físico. Como ocurre con los sueños, son resultados; no están en disposición de incidir sobre el karma. Cuando estos dos cuerpos del cuaternario inferior se disuelven y la tríada accede al plano mental superior, donde experimentamos el estado de consciencia conocido como cielo o devachán, volvemos a tener un resultado; en este caso, un cuerpo causal que tendrá cierto grado de luminosidad y presencia. Entonces, en los planos astral y mental inferior primero, y sobre todo en el mental superior después, se cosechan y consolidan los resultados de lo que se ha hecho en la vida anterior en el plano físico, pero no se generan nuevas causas.

Corolario: puesto que el ser humano, como personalidad, solo es completo en el plano físico, la liberación solo puede lograrse durante la vida física y no en la vida después de la muerte, sea en el plano astral, el mental inferior o el mental superior. Es decir, la vida desplegada en el plano físico es la más significativa en una encarnación. Y esto se debe, sin duda, al hecho de que refleja y encarna especialmente la vida de Atma, el aspecto más elevado del Yo Superior.

El avance en el sendero espiritual significa tratar de establecer el centro de consciencia en Atma. En este proceso, la acción, por lo que ya hemos visto, desempeña un papel importante; también es muy relevante la conexión que tiene con la Voluntad, sobre la que insistiremos de inmediato. No hay que entender por acción la simple actividad del cuerpo físico, sino toda actividad iniciada desde dentro con el fin de transmutar los propios ideales en dinamismo viviente y hacer de la personalidad un instrumento y una expresión del Yo Superior.

Solo cuando la persona empieza realmente a cambiar su actitud y a plasmar los ideales espirituales en una auténtica vida espiritual es cuando el Yo Superior comienza a encontrar una expresión más plena a través de la personalidad. Entonces adquiere el constante control sobre la misma. De esta manera, finalmente, el Yo Superior pasa a constituir el centro de la vida y la consciencia de la personalidad.

EL LOGOS Y EL VEHÍCULO ÁTMICO

Veamos a continuación cómo incide Atma en los componentes inferiores y perecederos de la personalidad humana.

Hay que subrayar que el plano átmico es aquel desde el que opera la fuerza de Voluntad del Logos, que es la fuente inagotable e inconmensurable de la que emana todo lo Manifestado; constituye la transición entre lo Inmanifestado y su Manifestación.

Pues bien, analógicamente, el Logos aparece en otros niveles de la creación y el cosmos. Y en el seno de las galaxias, como expresión consciencial, está a cargo de la gigantesca maquinaria del sistema solar. El Sol es su símbolo y su representación en el plano físico. Ahora bien, al incluir todos los planos de lo Manifestado, su poder y energía está en todos ellos. Con su Voluntad, el Logos ejerce una incesante e irresistible presión en la dirección de la evolución; en este contexto, lleva a cabo el estupendo trabajo de construir y destruir las formas que encarnan su Vida.

El vehículo átmico es como la clavija de un enchufe: conecta la serie de componentes en los que encarna la realidad superior del ser humano con la «central eléctrica» que le proporciona la fuerza y la energía necesarias. Mediante el vehículo átmico se regula o se gobierna la evolución del Conductor durante eones. Y es a través del poder que se deriva de esta fuente que el Conductor es capaz de superar todas las dificultades, de pasar por toda clase de pruebas y experiencias, vida tras vida, y triunfar finalmente sobre todos los obstáculos para alcanzar la perfección.

En el caso de aquellos que han sido capaces de traspasar los planos intermedios y han conseguido un vislumbre del plano átmico, la impresión abrumadora que recibe la consciencia es una colosal sensación de fuerza y poder, lo que proporciona al ser humano que lo experimenta no solo confianza en sí mismo y en su victoria final sobre todos los obstáculos, sino igualmente en el triunfo final del esquema evolutivo y la culminación del Plan Divino. Ciertamente, cuando esta consciencia del plano átmico se refleja abajo en la personalidad, pierde mucho de su intensidad y viveza; no obstante, provoca el nacimiento de una confianza y sensación de poder que es la que se encuentra, en distintos grados, en las personas dotadas de una fuerte voluntad. Todo ser humano en quien la verdadera Voluntad espiritual ha empezado a despertar se siente en presencia de una fuerza tremenda y sutil que es incapaz de manipular.

AUTOILUMINADO, AUTOSUFICIENTE Y AUTODETERMINADO

Atma es un Principio autoiluminado, autosuficiente y autodeterminado. Por esto no es cuestión de desarrollarlo, sino que lo que nos incumbe hacer es proveer aquellas condiciones por las que Atma pueda encontrar una expresión creciente en nuestra vida, hasta llegar a constituir el centro de la misma. Dicho en otras palabras, debemos centrarnos en el Ser en vez de seguir siendo egocéntricos. Esto se logra eficaz y plenamente con la práctica del yoga superior. Pero la personalidad tiene que hacer un trabajo preliminar en este sentido, a fin de proveer las condiciones que permitan que este yoga se pueda practicar con éxito:

Cuando la personalidad se pone en contacto con el cuerpo causal, obtenemos la autoiluminación. Cuando está en conexión directa con el vehículo búddhico, obtenemos la autosuficiencia. Y cuando está, hasta cierto punto, en relación con el plano átmico, obtenemos la autodeterminación.

Cuando tratamos de volvernos autoiluminados, autosuficientes y autodeterminados, el centro de nuestra consciencia va deslizándose hacia dentro. Entonces, más vida fluye desde la parte espiritual de nuestro ser, y nuestra vida se va viendo gobernada por esa parte espiritual en creciente medida.

AUTODETERMINACIÓN, VOLUNTAD, PRANA Y DESEO

Atma es de naturaleza triple, lo cual corresponde a los tres aspectos de la Divinidad (*sat*, *chit* y *ananda*). En consonancia con ello, posee los tres atributos mencionados que son la autoiluminación, la autosuficiencia y la autodeterminación. Pero esta última es su característica especial.

La autodeterminación encuentra expresión en la personalidad como la Fuerza de Voluntad espiritual. Hasta que nuestra vida esté gobernada por la Voluntad de Atma, en lugar de estar regida por los caprichos y deseos de la personalidad, es difícil que pisemos el sendero del *raja yoga* (el yoga de la interiorización) y alcancemos la iluminación y la liberación.

La capacidad de servirse de la fuerza, sea en los planos físicos o superfísicos, es una función del prana. De hecho, es por medio del prana que se puede mover y manipular la materia de los distintos planos. El poder de Atma es muy diferente al del prana, y sus fenómenos pertenecen a una categoría completamente distinta. Pero no obstante esta diferencia, existe una conexión muy íntima entre los poderes átmico y pránico, de la misma manera que, como veíamos, hay una conexión muy directa entre el plano átmico y el físico (recuerda que el prana es vehiculado por el cuerpo etérico, que pertenece al ámbito de lo físico). La conexión existente entre los dos poderes consiste en que el ejercicio de la Voluntad mueve las corrientes del prana por medio de la mente en todos los planos, y por medio de estas corrientes se puede producir cualquier clase de cambio en la materia del plano de que se trate (recuerda que la materia no es solo lo que consideramos sólido, sino que presenta distintos grados de sutilidad; el *manas* superior – cuerpo causal constituye la expresión más refinada de la materia).

La Voluntad y el deseo

En consonancia con lo que se enunció en el capítulo 8, se hace necesario distinguir entre la Voluntad y el deseo. Este último es la forma que asume la Voluntad en los planos inferiores en las primeras etapas de la evolución humana. En los mundos superiores del Espíritu, la Voluntad espiritual es libre y opera siempre en armonía con la Voluntad divina; pero cuando se manifiesta en los mundos inferiores puede ser aprovechada por la personalidad para sus propios fines, que pueden o no estar en armonía con la Voluntad divina. Bajo estas condiciones, toma la forma de deseo, el cual, por tanto, es el mismo poder volitivo pero degradado y utilizado por el yo inferior para sus propios fines egoístas.

Más adelante, en las etapas finales del ciclo evolutivo, despunta en el ser humano la consciencia espiritual, y entonces comienza una lucha entre los deseos de la personalidad y la Voluntad del Yo espiritual. Esta lucha se prolonga con creciente intensidad, hasta que el deseo queda completamente destronado y la Voluntad del Yo espiritual reina suprema.

La relación entre el deseo y la Voluntad da lugar a muchas confusiones. Así, a veces encontramos personas capaces de perseguir tenazmente cualquier objetivo en que han puesto su corazón, hasta conseguirlo tras haber vencido todas las dificultades. La sociedad considera que estas personas tienen un gran poder volitivo, y en cierto sentido esto es verdad. Pero cabe recordar que en tales casos la persecución de fines mundanos está asociada con el egoísmo y la falta de sabiduría y, por tanto, el fenómeno queda reducido al plano del deseo.

La personalidad no es más que un espejismo en relación con la Realidad, y esto se refleja en el carácter vacío del deseo. Dicho carácter vacío se manifiesta en dos fenómenos de gran calado evolutivo: las adicciones y el desencanto.

Las adicciones constituyen la búsqueda compulsiva de un contenido en algo que no puede proporcionarlo. Se insiste repetitivamente en un hábito con la finalidad quimérica de que aporte una plenitud que nunca va a proporcionar. En cuanto al desencanto, acontece tarde o temprano cuando se han conseguido objetos de deseo largamente anhelados. Curiosamente, ni los logros más ponderados por el mundo pueden evitar la reacción de desencanto: las más grandes fortunas, el mayor éxito en amores, la mayor fama, etc., son susceptibles de ser fuentes de desencanto. Cuando se da cuenta de que no ha logrado nada sustancial en realidad, la persona «afortunada» da un vuelco total a su vida, para consternación de quienes siguen luchando denodadamente para obtener esa clase de éxito.

Cuando se revela el vacío asociado a las adicciones y a los logros del ámbito de la personalidad, el dolor es muy profundo, pero la comprensión de que uno ha estado persiguiendo quimeras constituye un combustible consciencial de primer orden. Entonces, el ser humano gira la mirada hacia objetivos espirituales, y convierte fácilmente la voluntad que ejerció en pos de sus deseos en Voluntad espiritual. En el gran proceso de la evolución, nada se pierde, de manera que la voluntad que se utilizó en pos de objetivos banales queda incorporada al Conductor y nutre su fuerza.

EL EGO Y ATMA

En una muestra más del vínculo existente entre Atma y el plano físico, hay quien ha expresado que es necesario tener un ego fuerte antes de pretender destruirlo. Lo que hay detrás de esta afirmación es que la persona ha tenido que cultivar ciertas cualidades para hacer realidad sus anhelos egoicos: confianza en sí misma, fuerza de voluntad, asertividad, perseverancia, optimismo, etc. Ciertamente, quien ha cultivado estos aspectos tiene muchas más posibilidades de ir adelante por el sendero espiritual que quien parte de una posición de victimismo, falta de autoestima, inseguridad y complacencia. Los «refugiados espirituales» tienen poco que hacer en un camino en que la determinación es un factor fundamental.

Por eso también, los maestros han dicho que el sendero espiritual no es para los tibios, o para quienes sienten que tienen cosas pendientes de realizar o conseguir en el ámbito de la personalidad: «No he conseguido la chica de mis sueños. Estoy tan decepcionado en el ámbito amoroso que me haré monje». «El mundo es un verdadero desastre. Ojalá pueda escapar de él. Gracias a la meditación, me daré cuenta de que todo es una ilusión y estaré más allá de las influencias del mundo». «No soporto a mis compañeros de trabajo ni a mi jefe, por no hablar de mi suegra. Y

¿quién me mandaría tener hijos? Voy a ponerme esta música tan maravillosa y me trasladaré al paraíso». «No me atrevo a poner límites a los demás. En este grupo espiritual voy a convivir con una gente maravillosa que no me pondrá en esta tesitura. Míralos; están todo el día dándose abrazos. ¿Qué podría salir mal?».

Estas no son motivaciones correctas para emprender el camino espiritual. Son claros ejemplos de lo que se manifestaba en otro capítulo en cuanto a la absurda pretensión del coche de conectar con el Conductor. Con esta pretensión, el ego no quiere morir, aunque parezca lo contrario, sino que quiere ver resueltos sus problemas y sentirse más a gusto. Las motivaciones anteriores están asociadas con la voluntad, en minúscula, y si bien no son pertinentes para el camino espiritual, sí lo son para entrar en dinámicas de crecimiento personal. Cada uno se halla en el punto en el que se halla, y tiene todo el derecho del mundo a sentirse mejor y, a partir de ahí, realizar otro tipo de avances. Pero no confundamos los términos. Si es crecimiento personal lo que necesitamos (al principio, es lo que necesitamos todos), es fundamental que equilibremos los cuerpos del cuaternario perecedero, y con este fin te recomiendo que procedas según el orden que marca la constitución septenaria y que se expone en este libro, de lo más denso a lo más sutil.

Durante las primeras etapas estarás trabajando sobre la base de la voluntad, en minúsculas, la cual no constituye más que un reflejo muy pálido de Atma en lo físico. Sin embargo, llegará el momento en que el Yo Superior lloverá sobre ti, según se ha expuesto, y entre sus regalos se encontrará este: la sed de Absoluto. Esta sed estará ya totalmente indisociada de la Voluntad. Así como el caminante del desierto que se ha quedado sin agua invertirá hasta sus últimas fuerzas en llegar hasta el próximo oasis, el aspirante que se halla en el sendero se sentirá impulsado a darlo todo para encontrar la verdadera plenitud en la vida del Espíritu. Si logra librar con éxito sus múltiples batallas, lo conseguirá más pronto que tarde. De otro modo, se demorará más o menos. Pero lo logrará. Este es su destino.

MÁS ALLÁ DEL YO

- Reflexiona, son los ojos cerrados, sobre tu condición de «ser humano». Suelta cualquier concepto y observa lo que está ahí: la respiración... algunas sensaciones más... los sonidos que llegan a ti... ¿Hay algo específicamente «humano» en todo eso? ¿U ocurre sencillamente que están sucediendo cosas y estás presente como consciencia para observarlas? Pasa de considerar «soy un ser humano» a «soy consciencia».

- Ahora date cuenta de que el «soy» lo pone la mente, de que es otro preconcepto. Date cuenta de que si la mente se calla no hay ningún «soy» por formular. Hay consciencia, sin más.

- Percibe todo desde este foco de consciencia. Desde ahí, todo lo que puedas experimentar son fenómenos: la respiración, los pensamientos, todo lo que pueda llegar «del exterior»... No hay nada en todo ello que sea «tuyo». Sencillamente, son cosas que acontecen.

- Date cuenta del carácter efímero de todos los fenómenos observables y del carácter permanente, sin embargo, de la consciencia que los observa. La consciencia es impersonal y total, y tú eres esa totalidad.

- Asume que la consciencia es tu verdadera naturaleza y que transciende sobremanera tu característica «humana». Mantente en silencio gozando esta comprensión, extremadamente atento y a la vez totalmente relajado. Descansa así en la sensación de ser, de existir, sin ponerle palabras. Es posible que tengas algún atisbo de la Realidad que se oculta detrás de los conceptos. Si te distraes, no te culpabilices; limítate a regresar a la sensación de ser en cuanto percibas que te has evadido.

- Este estado puede extenderse a la vida diaria por medio de considerar que «no eres tú» el que hace, piensa o siente cualquier cosa; sencillamente, hay una acción que está siendo realizada, un pensamiento que está siendo pensado o una emoción que está siendo sentida, y tú eres testigo de ello. Tu personalidad debe mantenerse alineada con esta actitud por medio de proceder siempre, «en la vida práctica», según la opción más elevada que pueda percibir.

Práctica

SER ESPACIO

- Siéntate con la espalda recta y alcanza un estado de relajación, con los ojos cerrados. Siente tu cuerpo e intenta identificar sus límites. Imagina que nunca lo has visto y que nunca has visto ningún cuerpo. No te bases pues en ningún preconcepto; solo en tus sensaciones. No sabes que la piel exista ni que esté englobando tu cuerpo. A partir de esta premisa, explora con total inocencia y apertura la cuestión de «dónde acabas». ¿Qué incluyes en realidad? Si realmente logras liberarte de tus preconceptos, oirás un sonido lejano y pensarás: «¡Ahí debo de acabar yo; en ese sonido lejano!». O verás las estrellas y pensarás: «¡Ahí debo de acabar yo, porque es hasta donde alcanzo a ver!».

- Date cuenta de que eres el espacio inmenso en el que todas tus percepciones tienen lugar; el espacio en el que acontecen, también, todo tipo de pensamientos, emociones y sensaciones de los que te hagas consciente. Identifícate como el espacio pero con nada de lo que contiene.

- La comprensión profunda de esta práctica puede llevarte a vivenciar que todo está dentro de ti y que, a la vez, tú eres el Todo. Al desidentificarte de la personalidad e irte expandiendo cada vez más, acabarás por conocer tu verdadera naturaleza, que no es «personal», sino universal.

SIDDHIS: LOS FRUTOS DE LA EVOLUCIÓN ESPIRITUAL

A lo largo del texto, se ha reiterado que hay una serie de poderes (*siddhis* en sánscrito) que van llegando como frutos, de manera natural, al ser humano que va avanzando en su evolución espiritual. La persona que ha situado su consciencia en Atma y que, desde ahí, vive su día a día con coherencia y consistencia, ha completado su proceso evolutivo en este plano, y en ella han de plasmarse y hacerse patentes esos *siddhis* que en el ser humano corriente están latentes.

¿Cuáles son estos *siddhis*? Se enumeran a renglón seguido tomando como base la relación recogida en los *Yoga sutras* de Patanjali:

- Conocimiento del pasado, el presente y el futuro.
- Conocimiento del significado de los sonidos producidos por todos los seres.
- Conocimiento de nacimientos previos y de nacimientos futuros.
- Conocimiento de las mentes.
- Desaparición del cuerpo de la vista, como resultado de mirarlo con el ojo interno.

- Conocimiento del nacimiento, daño o muerte.
- Conocimiento de la bondad amorosa en todos.
- Fuerza extraordinaria.
- El conocimiento a distancia.
- Conocimiento del universo exterior.
- Conocimiento del universo interior.
- Conocimiento de la composición y coordinación de las energías corporales.
- Liberación respecto del hambre y la sed.
- Estabilidad, equilibrio o salud excepcionales.
- Visión de los seres superiores.
- Conocimiento de todo lo que es cognoscible.
- Conocimiento de los orígenes de todas las cosas.
- Conocimiento del verdadero yo.
- Influencia sobre los demás. Esto se relaciona con la capacidad de transmitir energía espiritual a otros a través de la mirada o la presencia.
- Levitación, sensación de ligereza.
- Brillo, resplandor.
- Clariaudiencia.
- Libertad respecto de la consciencia corporal y los apegos temporales.
- Maestría sobre los elementos, que permite la manipulación de la materia.
- Perfección del cuerpo.

Algunos autores han sumado otros tres a todos los anteriores:

- Control excepcional del cuerpo y la mente.
- Clarividencia, es decir, la habilidad de obtener conocimiento sin importar las limitaciones ordinarias del espacio

o del tiempo y sin el uso de los sentidos ordinarios. Incluye precognición, retrocognición y telepatía.
- Psicoquinesis o interacción mente-materia (la capacidad de la mente de influir directamente en la materia).

En la medida en que evolucionemos espiritualmente, estamos llamados a que todos y cada uno de ellos vayan apareciendo en nosotros. Desde luego, cuando esto acontezca, será porque sabremos utilizarlos en beneficio de todos los seres sensibles y al servicio exclusivo de la Vida Una y del Plan en el que se sostiene y se desenvuelve. Que así sea.

SOBRE LOS AUTORES

Emilio Carrillo Benito.

Economista, escritor —con 63 libros publicados—, experto internacional en Desarrollo Local por las Naciones Unidas y funcionario del cuerpo de técnicos de la Administración General, ha desplegado una amplia labor académica, política y de gestión en desarrollo económico y territorial y en la Hacienda Pública. Ha sido vicealcalde de Sevilla, vicepresidente de la Diputación hispalense y presidente de la Red de la Unión Iberoamericana de Municipalistas y del Programa de Desarrollo Local de la Organización Internacional del Trabajo.

Fue a partir de una serie de experiencias vitales y conscienciales cuando se centró mayormente en la filosofía, la historia y, sobre todo, la espiritualidad, campos en los que ha impartido multitud de conferencias y talleres y ha escrito libros como *Dios* (2013), *Sin mente, sin lenguaje, sin tiempo* (2014), *El tránsito* (2015), *Ojos nuevos* (2016), *Consciencia* (2017) y *¿Qué hay después de la muerte?* (2018).

Imparte clases de espiritualidad en másteres y cursos de experto universitario en Barcelona, Madrid, Sevilla y Valencia y gestiona el blog El Cielo en la Tierra, que cuenta con más de seis millones de visitas directas: http://emiliocarrillobenito.blogspot.com.es/.

Francesc Prims Terradas

Es filólogo, y su experiencia interior viene marcada por doce años de vida en comunidad en un contexto espiritual. En este ámbito fue monitor de yoga y estuvo al cargo de la Redacción de la revista *Athanor*, lo cual le permitió entrevistar a algunos de los personajes más relevantes del campo de la consciencia del panorama internacional. Algunas de estas entrevistas fueron recogidas en el volumen *Nuevos paradigmas* (Sirio, 2015). Actualmente es autor y conferenciante, y destaca su labor como técnico editorial; en esta faceta consta como colaborador de Emilio Carrillo en el libro *¿Qué hay después de la muerte?* (Martínez Roca, 2018). Puedes encontrarle en www.francescprims.com y en Facebook.